气场,

改变命运的神秘力量

李世强◎编著

QICHANG
GAIBIAN MINGYUN DE
SHENMI LILIANG

北京工业大学出版社

图书在版编目（CIP）数据

气场，改变命运的神秘力量／李世强编著. —北京：
北京工业大学出版社，2017.8（2021.6重印）
ISBN 978-7-5639-5525-1

Ⅰ.①气… Ⅱ.①李… Ⅲ.①成功心理－通俗读物
Ⅳ.①B848.4-49

中国版本图书馆 CIP 数据核字 (2017) 第 134810 号

气场，改变命运的神秘力量

编　　著：李世强
责任编辑：付春怡
封面设计：尚世视觉
出版发行：北京工业大学出版社
　　　　　（北京市朝阳区平乐园 100 号　邮编：100124）
　　　　　010-67391722（传真）　bgdcbs@sina.com
经销单位：全国各地新华书店
承印单位：三河市元兴印务有限公司
开　　本：787 毫米 ×1092 毫米　1/16
印　　张：18
字　　数：227 千字
版　　次：2017 年 8 月第 1 版
印　　次：2021 年 6 月第 6 次印刷
标准书号：ISBN 978-7-5639-5525-1
定　　价：35.00 元

前　言

气场，是一种强大的内在吸引力，它更像是一种气势。有强大气场的人，从不刻意表现自己，他们哪怕只是静静地站着，也能显示出自己的与众不同。正是因为有这样的特点，他们得到了更多的关注。

气场这一概念，是由美国心灵励志大师皮克·菲尔博士提出的。自从他提出这个概念以后，气场学说就风靡全球。而许多人的成功秘诀，皆与此相关。

这些成功者虽然文化背景、国籍、语言、成功渠道等完全不同，但是他们却有一个共同点，那就是气场强大。

气场的强弱取决于每个人自身。想让自己的气场变得强大，就要有旺盛的精力、健康的体魄和强大的意志，最重要的是不断磨炼自己。倘若一个人精神萎靡不振、垂头丧气，气场自然强大不起来，而自身的存在感也很弱。如果想要气场变得稳定而强大，就一定要不断用知识来武装自己，注重精神内涵的培养。

气场是人的精神能量的外在表现，换言之，一个人只要内心足够强大，他的气场就会变得强大。反之，则会让气场远离自己。中国古代圣贤孟子曾经说过："吾善养吾浩然之气。"只要有丰富的内心世界，气场自然就能散发出来，并变得十分强大。

从现在开始，我们要学着增强自身的气场。我们的身体和心灵越健康，我们的气场就会越强；我们的气场越强，我们就会拥有越多的自由，受到外界的干扰也就越小。这样，我们就更有力量去做我们想做的事情，更容易迈向成功。

本书讲述了气场的奥妙和如何掌控气场。希望本书能够为每一位读者提供帮助，能够让每一位读者都让自己气场十足、魅力无限，无论在生活中还是在职场中，都散发出耀眼的光芒。

目　录

第一章　气场有多大，你的事业就有多大

第二章 释放你的气场，让你一分钟赢得好人缘

第三章 谈话有气场，你能说服任何人

第四章　良好的形象，使你的气场魅力非凡

第五章　没有气场，怎能活得像个女王

第六章 强大的气场，源自你那强大的内心

第七章 无法掌控情绪，气场也将不受你的指挥

第八章　气场也需要人脉，维护好你的朋友圈

第九章　婚姻之中，别让自己的气场过于"放肆"

第十章 掌控了气场，就驾驭了自己的幸福人生

第一章

气场有多大，你的事业就有多大

了不起的人，都有强大的气场

纵观历史，但凡做出一番了不起的事业的人都有强大的气场。或许普通人无法分辨，但凡有慧眼者必能"惊为天人"。

清朝光绪年间，政府腐败无能，列强肆意妄为，有识之士纷纷出国留学。

有一个广东青年就是这样的有识之士，他对中国的未来有很多自己的构想。有一次青年路过武昌总督府，想见见一直在搞洋务运动的两广总督张之洞，就让门卫传了张便条。便条上写的是："学者××求见张之洞兄。"

张之洞见此人称自己为"兄"，就问门卫："你看他是个什么人？"

门卫回答："只是个书生。"

张之洞毕竟久居高位，因此对这个青年的冒昧有些不太高兴，但见字条上的字迹十分周正漂亮，又有了几分兴趣，便提笔在便条上写道："持三字帖，见一品官，白衫尚敢称兄弟？"

门卫将字条递给门外的青年，青年看后，也要来笔墨，在便条上写道："行千里路，读万卷书，布衣也可傲王侯。"

门卫再把字条交给张之洞，张之洞一见大惊，忙道："快把他请进来。"于是，两人就中国的未来展开了一番长谈。

后来，青年做了几年医生，再后来发表了一些激进的文章，被清政府通缉，便流亡日本。他回国后领导了革命，建立了中国历史上第一个民主政权。

这个青年的名字叫孙中山。

张之洞从孙中山的对联中就能看出此人不凡，这也来自孙中山的自信以及他的气场。很多古代帝王或伟人，为何能让本领比自己强的人士肝脑涂地？也是源于他们的气场。我们可以想象，为何张良能在刘邦落魄之时对他忠心耿耿？诸葛亮为何能在刘备无权无势的时候出山辅佐？因为他们被对方的气场所影响，他们认定对方必定不是等闲之人。即使当时刘邦只是一个小小的亭长，刘备曾是织席贩履之人。

事实证明，张良和诸葛亮的眼光没有错。古往今来，但凡成就功业的人，都有一个异常强大的气场。

20世纪末，IT（信息技术）业巨人微软公司为了扩展中国市场的业务，决定招收一名高级管理人员。

经过几轮筛选，只有三个人进入最后一轮面试。一个是名牌大学的博士，当时已经拥有多项发明专利；一个正在另一家电子公司担任要职；一个是女性，做过护士，没有正规的大学学历。

第一位面试者是名校博士。这轮面试在一间很大的屋子里进行，微软中国区的几位负责人坐在一张大桌子后面。他们指了指前方，对面试者说："你好，请坐。"

但意料之外的事情发生了，桌子前方根本没有椅子、凳子或任何可以坐的地方。这让博士极为尴尬。而另一位考官又说了句："请坐下来谈。"博士马上被催促得不知所措。

　　几位考官互相看了看，其中一位说："那好吧，站着谈也行。"这样博士才稍稍平复了心情，用紧张的语言复述了一遍自己光鲜的简历。三分钟后，面试结束。

　　第二位面试的是那位曾担任要职的人。他一进考场，也同样被考官要求坐下来谈。而他的表现比第一位博士好，他露出谦卑的笑容，主动说："没关系，站着谈也行。"

　　于是他向考官们复述了一遍自己的优势。这场面试持续了五分钟。

　　最后面试的是那位前女护士。她一进门，四处看了看，发现屋子里没有多余的椅子，便马上问道："对不起，我能去外面搬一把椅子吗？"

　　女士搬了把椅子，而考官们与她聊了整整一个小时。

　　三天后，她成了微软中国区的一位总经理。很多人不理解，她是女性，没有傲人的学历，没有光鲜的简历，怎么可能胜任这样重要的职位呢？

　　微软的几位负责人这样回答："连自己搬一把椅子的勇气都没有，这样的人怎么可能开拓市场？没有自己的思想和见解，一切经验和学识都毫无价值。"

　　事实证明了他们的看法。这位女士用三个月就完成了全年销售额的百分之一百三十，成功帮助微软打开了中国市场，她就是打工皇后吴士宏。

　　那几位负责人并不看重一个人的履历，他们重视的是一个人的气场。所以，前两位看起来很出色的竞争者均遭淘汰，就是因为他们的气场不够强大。正如负责人所说："连自己搬一把椅子的勇气都没有，这样的人怎么可能开拓市场？"

确实，在生活中，我们会经历很多这样的场合。你做了一件正确而且平淡无奇的事，但由于环境和人为的因素，这件小事竟有了特殊的意义——搬椅子就是这样的小事。

此时，选择向环境和人为因素折服的人，往往气场较弱；而坚持自我、坚持做完那件正确的事的人，必定拥有强大的气场。

气场需要正能量

积极的气场产生积极的能量，消极的气场产生消极的能量。所以，当你遇到不顺心的事情时，不要怨天尤人，冷静下来想想，是否因为你的执着不够。

1929年4月24日，星期四，第一次世界大战之后确立了世界强国地位的美国沉浸在经济飞速发展的喜悦之中。大街上人们谈论的都是股票、房子和汽车。

然而还不到中午的时候，美国金融毫无预兆地崩溃了，各股股票的下跌速度连股票行情自动显示器都跟不上，5000多亿美元在一夜之间打了水漂。

然而这只是灾难的序曲，在接下来的四年中，86000家企业破产，5500家银行倒闭，失业人口激增十倍有余，整体经济倒退了15年。

尽管面临危机的胡佛总统采取了一些应对经济危机的措施，但最终都宣告失败。

在接下来的总统选举中，富兰克林·罗斯福以压倒性的优势战胜了胡佛，当选为美国总统。而他的竞选演讲则带给在绝望中苦苦挣扎的美国人以希望，他说："我们唯一害怕的东西，就是害怕本身，这种难以名状、失去理智和毫无道理的恐惧，麻痹人的意志，使人们不去进行必要的努力，并把人的种种努力化为泡影……单纯地坐而论道是于事无补的，我们必须行动起来！"

罗斯福，这个因身患小儿麻痹而致残的人有一种特有的温和气质。他告诉人们，经济危机并不可怕，可怕的是人们自己的绝望，只要还有希望，美国就有救。

美国民众听完他的话，并没有感动得痛哭流涕，也没有激动得奔走相告，而是默默地回家了。他们有的或许还在迷茫，有的已经振奋起来开始找新的出路，但无论如何，他们已经不再恐惧和绝望。

接下来，罗斯福开始了一系列新政：挽救银行信用、改革金融政权货币等制度、让美元贬值、改组政府职能、加强对农业与工业的调节、兴办大型公共事业、建立社保制度等。

然而他面临的困难相当大，美国最高法院和参众两院受共和党的影响很大，所以不停地给罗斯福出难题。罗斯福一方面扩大政府职权与最高法院以及两院博弈，另一方面坚定地执行着新政，使新政的成果不因政治斗争而付之东流。

接下来，人们发现关闭了许久的银行重新开张，荒废了许久的农场和工厂重新开工。渐渐地，他们发现找工作不再那么困难，而即使找不到工作，政府的社保机制也会保证他们的温饱。人们重拾自信，经济开始复苏！

短短两年，美国经济增幅就超过了百分之五十。而到了1940年，美

国经济完全恢复到原来的水平。

罗斯福是美国最有名的总统之一，他不但带领美国人战胜了经济危机，还取得了第二次世界大战的胜利。而他的强大之处，在于他总是能让事情朝着自己希望的方向发展。

不只是他，很多美国总统都有这种能力。在乔治·华盛顿的领导下，军事力量居于绝对劣势的大陆军得到了法国的支持；在林肯的领导下，节节败退的北方军奇迹般地战胜了南方的奴隶主……

这些总统是用什么力量影响身边的人的呢？

是气场！

一个人有自己的气场，周围的任何事物都有自己的气场。气场可以说是一种能量场，而两个能量比较类似的气场之间有着强大的吸引力。正如有一句名言所说："真正开心快乐的，永远是那些希望自己开心快乐的人。"

当一个人希望自己开心快乐的时候，他自身的气场里就会增加开心快乐的能量因子，周围其他事物中这类能量因子比较多的气场就会被他吸引。所以当你每天都是开开心心的时候，你身边开开心心的朋友就会越来越多；而如果你经常愁眉不展，那你交的朋友也可能大多都是经常愁眉不展的。

不只是交友，我们在生活中经常发现，一个自卑和懦弱的人往往运气也特别差；而如果这个人某一天变得自信了，他的运气似乎会突然好起来。

这不是简单的"运气"，而正是玄妙的气场在起作用。一个认为自己不行的人，他的气场也会随之变得消极，并产生消极的能量，而此人只会越来越不行。

所以，你只有真正希望自己快乐，希望自己富有，希望自己健康，你才会获得快乐、财富和健康。

气场越强，对他人的影响力就越大

历史上有这样一种人，他们一呼百应，成为万人的领袖；还有些人口才出众，使强者都听从他们的意志。这些成功的领袖、偶像、说客，都有口吐莲花的本事。他们的话容易使人信服，能让他人改变自己的观点。有的时候，我们回过头仔细想想，他们灌输的观点不一定正确，但在当时却能使所有人认同。

拿破仑在最鼎盛的时期，统治了法兰西、意大利、莱茵邦联、瑞士联邦……几乎整个西欧都受他统治。就在这个时候，他在西班牙的军事行动遭受了挫折，伊比利亚成为他第一个未能征服的地方。法兰西军团的士气有所下降，而为了提升士气，同时继续扩张他的征服版图，他做了一个决定：入侵沙俄。

我们今天都知道，俄罗斯几乎是一个不可被征服的国家。它的战略纵深极大，冬季气温极低且时间极长，而且俄国人民勇猛彪悍，现在西方各国还有着"你要去跟俄罗斯人肉搏吗"的谚语，意为不自量力。

所以，当拿破仑召见他的将军们讨论入侵俄罗斯的时候，一名将军当即就提出了质疑，其他几乎所有人都跟着附和。

拿破仑敲了敲桌子，从怀里拿出《蒂尔西特和约》（法国与俄国签订的合约，合约规定俄国退出反法同盟，两国互不侵犯），环顾诸将，大声说道："从土伦战役到今天，无数看似强大的敌人挡在我面前，但

你们想想，他们中有一个人真正配做我的对手吗？纳尔逊（英国海军统帅，带领英国海军在特拉法尔加海战中击败法国海军）或许厉害，但他也只能在海上逞能。

"而那些比纳尔逊还要强大的对手呢？在橄榄树荫下，他们说意大利永远不会投降；在法老和国王的土地上，他们说埃及永远不会臣服。今天，他们无话可说。他们畏惧我如同畏惧闪电和雷鸣，死亡和海啸。因为我是拿破仑——你们的皇帝！而今天，在森林与暴雪的国度，他们又说沙俄永远不会被击败。所以，我要让他们同样无话可说。烧了它！"

然后，他把《蒂尔西特和约》交给侍者，侍者听从命令烧掉了和约。诸将群情激奋，再没有一个人反对出兵俄罗斯。

当然，我们都知道后来发生了什么：法军在拿破仑的带领下，一开始高歌猛进，势如破竹，但最后不敌俄国的坚壁清野战术，疲惫不堪，输给了俄国人。反法同盟乘机不断打击法国，最终拿破仑战败被囚。拿破仑入侵俄国被认为是他一生中最大的战略失误。

但当时受到他鼓动的将军们可不这么认为，他们放弃了自己理智的选择，因为他们被拿破仑强大的气场所笼罩，意志力自然屈从于拿破仑。这就是所谓的"气场说服力"：气场强大的人会令他人听从自己，当这种力量足够强大的时候，就会像拿破仑那样改变别人的意志。

在生活中，有的人说话一呼百应。可是一旦你仔细分析对方的话，却发现并没有说什么实质性的东西，很多时候，我们甚至会觉得换成我会比他说得更好。

而当机会真的降临到我们身边，轮到我们说服他人的时候，却发现我们做的连别人的一半都不到——即使我们讲得再有道理。

李晓磊在上大学之前，一直认为上台演讲并不困难。虽然他从未在很多人面前讲过什么，但他对这种人前显摆的事情一直很迷恋。

上大学之后，他获得了一次这样的机会，系里组织了一次辩论赛，他作为正方二辩出席。

这让他兴奋不已，他觉得自己露脸的机会来了，所以自己要好好把握这次机会。为此，李晓磊这十来天几乎什么都没做，一心扑到论题上，甚至逃课去图书馆查询资料。因此，无论是自己的理论依据、逻辑体系，还是反方有可能提出的辩论思路，他都准备得极为充分。这几天他为辩论准备的资料整理出来之后足足有二十多张稿纸。因此，辩论会当天，他觉得万事俱备。

但当他走进会场的时候，看到台下是系里两千多名同学，正面是他的对手——反方的四名辩友。面对这些人，他忽然有些底气不足。

辩论开始了，他强迫自己镇定。到他发言的时候，他用沉稳的声音把自己多日来准备的东西有条不紊地说出。而他时刻聆听着对方的观点，抓住他们的漏洞进行礼貌而犀利的反击。

按程序来说，他做得近乎完美，但他心里总是觉得还差很多。他的逻辑体系虽然严密，虽然总能抓到对方的漏洞，却无法打动听众。

而反方的二辩，也就是李晓磊的直接对手，是一个个子不高的女生。女生看起来很精神，气势十足。她的论述体系并不严密，发言漏洞颇多。但每次李晓磊准备抓住这些问题的时候，都会被这个女生的气势压倒。他在理性上认为这个女生的话纯属谬论，但在感性上几乎要被她说服。

最后的结果，是他所代表的正方输了。评委老师给的意见是："正方二辩（即李晓磊）的发言缺乏力度。"

　　李晓磊输就输在气场上，尽管他的语言逻辑性更强，但在气势和感染力上比对方差了许多，所以给人留下了一个缺乏力度的印象。李晓磊从未接受过在众人面前发言的训练，当他站在台前的时候，气场很弱，缺乏自信，所以自然敌不过那位女生。

　　气场的力量就是如此玄妙，它不需要严谨逻辑的支持，却可以呈现莫名的感应，达到说服对方的目的。因为强大的气场能够创造奇迹。气场一词的英文为charisma，本义是魅力、感召力的意思，它的力量确实是玄妙而无穷的。

离开了气场，风度只是空中楼阁

　　风度是使人成功的重要法宝之一，想要打造成功的形象，离不开风度。而风度来自强大的气场，没有气场的人不可能有风度。所以，气场、风度、成功，是互相关联的，缺一不可。

　　阿诺·施瓦辛格在离开好莱坞之后，决定从政。由于早年积攒的人气，他在加利福尼亚州州长的选举中胜出。而接下来他要做就职演说。

　　在他演讲时，一群印第安人走到台前，把十几个鸡蛋扔在了施瓦辛格身上、脸上。原来为了维护加州博彩业均衡发展，施瓦辛格上任后的第一个政策就是取消印第安人赌场的免税优惠政策，这自然会招来他们的反感。

　　紧接着，工作人员迅速控制了肇事者，但此时施瓦辛格身上和脸上都挂着鸡蛋，于是工作人员提出要他去后台做一下处理。施瓦辛格笑了笑，说："我怎么能在胜利的日子向后转！"

　　一句话赢得了满堂彩。

　　2001年，世界银行行长沃尔芬森在芬兰举行记者招待会，同样遭到了蛋糕的袭击，奶油流遍了头部和脸部，非常尴尬。但沃尔芬森仍然没有忘记保持风度，他用手沾了一些脸上的奶油，放在嘴里尝了尝，说："味道不错，只是破坏了我的节食计划。"

　　所谓风度，指的是人的言谈举止所流露出的美好神韵。每个人的言谈举止都不一样，所以风度的表现形式也不一样。这一点，就像气质。

　　但不同的是，气质人人都有，风度却未必如此。有些人天生就拥有风度，待人接物有理有度。而有些人无论如何都学不会这些，最终落个画虎不成反类犬。

　　之所以会这样，是因为他们没有发现风度的本质——气场。

　　真正拥有风度的人，都拥有强大的气场，离开了气场，风度就只能是空中楼阁。所以很多人羡慕别人的风度，于是开始模仿别人的一举一动，却不知这是东施效颦之举。

　　著名球星大卫·贝克汉姆不但球技出众，而且是个公认的有风度的人。

　　他在2007年从欧洲来到美国的洛杉矶银河队。与欧洲球员相比，美国球员显得很懒散。他们大都没有什么纪律性，常去夜总会玩到很晚。

　　但贝克汉姆是很敬业的职业球员，而且他爱他的妻子维多利亚，所以从不跟队友去夜总会。

直到有一次，一个队友过生日，大家决定晚上一起去夜总会狂欢。这件事贝克汉姆得知后，表示会跟大家一起出份子钱为队友过生日，也会给队友预备礼物，但不会跟着去喝酒。

在一般的足球队里，像贝克汉姆这样不爱跟队友常在一起玩的球员往往会遭到孤立，但贝克汉姆却以他独特的风度保持着良好的人际关系。

美国头号球星多诺万与贝克汉姆是洛杉矶银河队的队友，年轻的多诺万对贝克汉姆有点嫉妒。

有一次，银河队输掉了比赛，在接下来的记者招待会上，多诺万声称："输球是因为贝克汉姆跑动不积极，突破技术不过关。"

按照惯例，一支球队的球员之间如果有什么矛盾，都在内部解决。一旦传到媒体上，就说明两人已经势不两立了。而且这种行为会让球队内的气氛极为紧张，多诺万说完之后非常后悔。

但贝克汉姆听说此事之后，并没有火上浇油，而是很谦虚地说道："嗯，多诺万说得有道理，我应该提高右路的突破技术了。"

贝克汉姆的风度赢得了多诺万的歉意和好感，两人从此成了好朋友，合作无间，后来洛杉矶银河队获得了美国大联盟总决赛冠军。

风度有三个作用：一是提升己方的信心，增强队伍的凝聚力；二是突出自己的形象，讨拥护者的喜欢；三是让敌人无从下手，甚至可以把对手变成朋友。

贝克汉姆从很年轻的时候就担当球队的主力，是万众瞩目的球星。这些经历使他的气场越来越强大，所以风度也越来越出众。因此，他常常成为球队的核心，受到队友的拥护。而一些本来看他不顺眼的队友，也成了他的好朋友。

如果贝克汉姆的气场不强，没有风度，那么美国对他来说就可能是他职业生涯的地狱。在生活中也是这样，因为没有风度而导致事业失败的人比比皆是。

所以，我们必须拥有强大的气场，并利用气场使自己变得有风度。只有这样，我们的事业才会更成功。

成功不仅因为能力，还离不开迈向成功的气场

人生在世，自然每个人都渴望自己能够成功，可是这只是理想状态，事实往往并不是总能让人一切如意。成功的人之所以能成功，因为他们不但有能力，还有走向成功的气场。

气场对人们走出困境有一定的帮助。在面对挫折与坎坷的时候，那些保持乐观的情绪、保持旺盛斗志的人就是最终取得成功的人，他们的成功是因为气场助了一臂之力。

对每个人而言，其实都会有两个自己：其中一个是内心真实的自己，另一个则是需要展示给他人看的自己。气场则是这两者的统一体。人人都有气场，可是它看不见也摸不着。它是无形的，但又能让人感觉到它的存在。比如那些影视明星和某些公众人物，只要他们一出场，观众就能被那种架势、那股底气所征服，那架势、那底气就是气场。在他们身上所体现出来的最明显的特征就是气场。

许多人读过美国作家海伦·凯勒写的《假如给我三天光明》这本书，作

者海伦·凯勒就是一个气场强大的人。

海伦·凯勒于1880年出生在美国的一个小城镇。一岁半的时候，她就因重病而丧失了视力和听力，后来，她的语言表达能力也逐渐丧失了。

在这样的情况下，她依然取得了惊人的成绩：她出人意料地学会了读书和说话，而且以优异的成绩顺利从哈佛大学拉德克利夫学院毕业。她学识渊博，掌握了拉丁语、希腊语、英语、法语、德语五种语言，成了著名作家和教育家。为了世界各地的盲人教育事业，她的足迹遍布全世界，她把自己的一生都献给了盲人福利和教育事业。所以，许多国家政府都给予她嘉奖，她获得了世界各国人民的高度赞扬。

海伦·凯勒从7岁开始接受教育，到21岁进入大学学习，在这14年间，她使用的很多教材都没有盲文的版本，所以她都得依靠别人把书的内容拼写在她手上，通过触觉来学习。这样，她在学习上所花费的时间比别的同学多出很多。当其他同学在外面快乐地嬉戏、唱歌时，海伦·凯勒却在教室里努力学习。

1968年6月1日，海伦·凯勒离开了人世，她的一生是非常让人敬佩的。曾经有人这样评价她："海伦·凯勒就是全人类的骄傲，是全人类学习的榜样。相信她这个楷模，会让众多聋、哑、盲人受到启发，让他们在黑暗中看到光明。"

像海伦·凯勒这样一个既看不见又听不见，同时还不能说话的残疾人，是凭借什么走出黑暗，取得如此骄人成绩的呢？她得到世人的高度褒奖又是依靠什么呢？这离不开她顽强的毅力和老师莎莉文的循循教导，恐怕也离不开她的气场——面对困难而努力奋斗、不屈不挠的气场。

她的刻苦努力使她拥有了智慧与才华，同时也打造出了自己独特的气场，在这个气场的推动下，她最终创造出了辉煌的人生。

虽然每个人对成功的定义有所不同，但真正意义上的成功应该是全方位的，既体现在家庭、事业、身体、金钱、朋友等方面，也离不开精神上的东西。人生是一个精神和物质共同作用的产物。当人主宰了自己的气场，才能让物质和精神因素共同发挥积极作用，从而主宰自己的命运。

倘若要衡量一个人的综合素质，气场就是一个不可或缺的参数。它能让人们找到真实的自己，学会认识自己，包容自己，爱惜自己。当你真正了解了气场之后，你会发现自己已经发生了不小的变化。那时候，对于他人的意见，你也能乐观地接受了；对于他人的错误，你也变得宽容起来；为人处世的心态好了很多，生活工作和家庭都在往好的方面发展。

我们不应总是带着偏见去审视自己，也不应带着偏见去审视他人。要看到自己气场中的优势，要让自己气场的优势最大化，从而让自己不断得到锻炼和成长，走向人生的成功。

制造积极的气场，增加你的吸引力

成功学有这样的说法："世界上约有99%的财富掌握在1%的人手中。"倘若这样的说法是事实，你是否想过其中的原因呢？也许，你可能会认为是这1%的人运气好。倘若你持有这样的观点，那就错了。真正的原因就是这1%的少数人明白某个秘密。而这个秘密就是怎样运用吸引力法则提升自己的气

场，为自己赢得更多的财富。

究竟何谓吸引力法则？其实很简单，它就是"只要你关注什么，就能为自己吸引到什么"。也可以这样说，你的头脑中的意识和想法会吸引你所关注的事物，让它们成为现实。

很多人都曾经有过这些经历：一件事情在理论上的发生概率微乎其微，可是没有多久这件事就发生了；当我们正在想一位几年都没有联系过的朋友时，竟然很意外地接到了他的电话。这些都会让我们感到异常惊讶。这就是吸引力法则所产生的效果，是它的力量让我们的思想穿越时空，将我们所关注的人和事吸引到我们身边来。

吸引力和气场有着密切的关系。如果你的意念和想法都是积极的，那么就会制造出积极的气场，于是就会吸引来一些积极的事物，从而给你指明走向成功的道路；相反，如果你的意念和想法都是消极的，那么就会制造出消极的气场，吸引来的事物也是消极的，这当然会使你更容易走向失败。对于很多人而言，他们还没有意识到吸引力法则和气场的作用，但是，它们一直伴随着每个人而发挥着作用。

日本首富孙正义就是一个运用吸引力法则增强自己气场的典型人物。

小时候，父亲就经常对孙正义说："你是个天才，长大后，你会成为日本很有影响力的大企业家。"在父亲这种思想的影响下，孙正义在五六岁的时候，向他人做自我介绍时就说："你好，我是孙正义。等我长大后将会成为日本家喻户晓的大企业家。"可能在很多大人的眼中，这样的说法只是一个天真无邪的孩子的痴心妄想而已，他们觉得这是不可能实现的。可是，孙正义却不这么认为，在他19岁的时候，便给自己制定了一份未来50年的规划：

30岁之前，要有一份自己的事业；

40岁之前，自己的资产至少达到1000亿日元；

50岁之前，事业走上辉煌的高峰；

60岁之前，事业成功，家庭幸福美满；

70岁之前，把自己的事业交给下一任接班人。

当时，虽然孙正义才19岁，可是就制定了这么长远的计划。在这份计划出炉后，他并不是把它当成文字游戏而写在纸上、贴在墙上，而是始终向着自己的目标拼搏，终于让自己的梦想成为现实。

在孙正义走向成功的过程中，吸引力法则立下了汗马功劳。因为他对成功拥有坚定的信念，他的思想和意识是很积极的，所以吸引到很多积极的因素。这些积极因素汇集在他身上，让他的气场不断增强，于是，便把他带上了充满机遇和好运的成功旅途。

英国戏剧家莎士比亚的作品中有这样一句话："亲爱的，真正该责备的并非宿命，而是我们自己，是我们自己决定了我们只会是微不足道的人。"人们的意念和想法对自己的人生有很密切的影响。不论做什么事，我们都应该让自己的积极意识产生作用；在积极意识的带动下，激发出付诸行动的动力。倘若你想追求成功，就要先让自己的思想意识不断地向成功靠近，当你的脑海中产生了成功的意识，那些有利于实现梦想的事物才能到达你的身边，给你的气场增添光辉，让你走得更远。

我们都听过这句话："思想有多远，人就能走多远；梦想有多高，你就能飞多高。"虽然这句话很俗套，可是它的启示却值得我们永远牢记。总之，倘若一个人能带着积极的梦想和信念上路，那么在吸引力的作用下，就会有更多的积极因素汇入他的气场，从而形成一个强大的气场，成就一个成功的人。

没有野心，人生将变得平淡

很多人一直把"野心"这个词汇看作贬义词。实际上，在职场上，野心究竟是什么？野心是一个人迈向成功的气场，是一个人前进的动力，是走向富裕之路的前提，是青春的标志。历来的富翁们无一不是野心家。他们永远都是不安分的，永远不满足于现状。指南针被一种神秘的力量支配着，指向同一个方向，永远指向南方。在我们身上，有一种神秘的力量叫作气场，叫作进取心。气场让你在前进的道路上无往不利，进取心不允许你懈怠，每当达到一个高度时，它就会召唤你向更高的境界努力。

很多人初入职场，当初的野心勃勃很可能就被日复一日的平淡消磨。于是，有的新人逐渐被这种平淡侵蚀了野心，渐渐地，气场逐渐散去，进取心开始远离，野心甚至在还没有发挥任何作用的时候就已经消失得无影无踪了。新人们应该注意的是，我们的职场生涯可以平凡，但不能平淡，只有保持野心，才能留住青春。

有一个小山村坐落在美国宾夕法尼亚州，那里住着一位普普通通的马夫。如果这个马夫甘于平淡的生活，那么有可能一辈子都是一名马夫。但是，这个马夫心存野心，他想成为美国最著名的企业家。为了这个野心，他到钢铁大王安德鲁·卡内基的工厂做工。当时他自己对自己说道："我一定要做到这个厂的经理职位。我一定努力做出成绩让老板主动来提拔我。"他拼命工作，努力使自己的工作产生的价值，超过自己的薪水。

他决定，要以一种乐观的态度愉快地工作。在他30岁的时候，他成了卡内基钢铁公司的总经理。39岁时，他又出任全美钢铁公司的总经理。他就是查尔斯·齐瓦勃先生。

他成功的秘诀是不满足于现状、勇于进取，这些积极的心态一直鼓励着他，让他不断进步，最终实现自己的理想。他从不把薪水的多少视为重要的因素，而是要看新的职位和过去的职位相比是否更有前途和希望。

如果一个人甘于平淡，那么就不会拥有真正的成功。莘莘学子寒窗苦读企盼能够金榜题名，运动员盼望能拿到奥运会金牌……正是因为他们不满足于现状，不甘于平淡，才有成功的可能。平庸是懒惰的先兆，如果满足于平凡的生活，安于现状，随波逐流，对大部分未被开发的潜力无动于衷，得过且过，那么他就不会创造出什么成果。

有人说，性格决定命运。而在工作中，每个人的追求决定着他们的未来。换句话说，你有多大的渴望，你就能走多远。在我们身边有很多人，从年少时的意气风发，到慢慢被职场所边缘化，面对激烈的竞争束手无策，甚至被淘汰出局……实际上，在平凡的生活中，我们不妨让自己有点野心。野心其实是一种敢拼敢闯的劲头，是内心焕发出来的生命力，是青春的象征。

职场中，大多数人不缺乏机会，缺乏的只是奋斗的意识。如果你是一个有信心、有理想的人，在工作中知道自己要什么，那通过自己的努力一定会获得机会实现自己的目标。

周晗25岁的时候到某保险公司工作。一次，公司总经理来分公司主持会议。为了鼓舞大家的工作热情，总经理让大家当众说出自己的梦想。轮到周晗时，周晗不知哪来的勇气，诚实地说："我希望当上部门

经理，成为管理者。"总经理沉吟半晌，然后说："不想当将军的士兵不是好士兵，我们保险行业的员工就需要这样的野心。"会议结束后，总经理就把周晗调到另外一个分区做经理了，成为保险公司尚未有业绩便获晋升的第一例。

职场上的野心其实也是一种自我鼓励的力量，适时地向领导表露出自己的野心，也许会让你获得意想不到的成功。

如果在平凡的职场生活中甘于平淡，没有工作目标，缺乏职业规划，不想升职加薪，每天安于现状、故步自封，时间久了，难免变成"职场咸鱼"。

张伟是一家房地产公司的小职员，刚进入公司的时候，他胸怀远大志向，准备在这个行业大展拳脚。但是职场的打拼并不尽如人意，他接二连三碰到让他郁闷的事，不是好不容易谈成一笔订单的客户突然改变主意了，就是被同事半道插手分去了一块大蛋糕。因此，张伟的消极怠工情绪变得越来越严重。久而久之，张伟变成了"职场咸鱼"，成了死气沉沉的"鱼干"，身上哪还有青春的活力呢？

对职场上的"菜鸟"来说，大家都害怕自己的团队里冒出一条"咸鱼"。在职场经理看来，团队中的"咸鱼"是首先应该剔除的。实际上，在职场上甘于平淡，不小心成为"咸鱼一族"的张伟是极有可能失去自己的工作机会的。

如果发现自己一不小心已经变成了"咸鱼一族"，就应该想尽办法翻身。

首先也是最重要的一点是认清自己，有时候，方向远比方法更重要。

很多心理学家比较赞同的生存法则就是面对生活拥有一种积极的心态，找准一个方向努力前进，就算最后得到的很少也不要放在心上。要清晰地知道自己在职场中的生存原则是什么。其次要培养自己的适应能力。现代社会不仅要求人们具有承受力，更需要具备适应力，积极主动地把问题处理好。如果觉得自己因为压力产生了一些负面情绪，那么就需要放慢节奏，多和别人交流，调整心态，让自己放松下来。关键的是调整之后要重新出发。

著名好莱坞电影明星史泰龙曾经被500家电影公司拒绝1855次，他依然没有放弃。别人对他极尽讽刺和打击："你想当演员？你先学好讲话再来；你长得太丑了，你先去整形再来。"面对别人的嘲笑，史泰龙一直坚持自己要成为一名演员的理想，他没有甘于平淡。最后他实现了自己的理想，成了好莱坞的著名演员。

如果史泰龙遭到拒绝后就安分守己，不再胸怀梦想，失去了野心，试想他演戏的天赋有可能被挖掘出来吗？他能拥有今天的成就吗？而影坛里也就失去了一颗明星。

人有点儿野心，才能在年华日渐老去的时候也能拥有一颗青春的心。缺乏野心，甘于平淡，就算曾经是一块发光的金子，也会渐渐褪色，最终淹没在尘土里。

只要是为自己而做，就不要有怨言

无论做什么，记得是为自己而做，那就毫无怨言，这样励志的话相信我们已经听过了很多很多。其实，在我们拥有了这样的心态之后，自身的气场也会变得强大起来。比如我们在工作的时候，如果只是抱着应付差事的想法去做，就会给人一种懒散、不积极的感觉；而我们看到很多的老板或者成功人士，他们在做某件事情的时候表现出来的总是一种积极的态度，而且他们似乎没有任何怨言。同样是做一份工作，为什么会有这样的差别呢？

主要原因就是老板在工作的时候总是想着这是为自己而做，这是自己的事情；而某些员工就不同，他关心的可能只是把分内的工作做完，关心的只是自己的待遇。这是两种截然不同的立场。所以，那些老板或者成功人士的气场往往要比员工的气场强大。

李晓萍是一个平凡的姑娘，但有着不平凡的身世。她出生在农村，她刚一出生，母亲就离开了人世。之后她与父亲及有智力障碍的哥哥相依为命。在她15岁的时候，由于一场车祸，兄妹俩失去了自己的父亲，从此家里就只有她和哥哥两个人了。

为了照顾哥哥的生活，她一个人做两份工作，每天早出晚归，省吃俭用，但始终面带笑容面，没有丝毫怨言。

有一个老板知道她的身世后，被深深地打动了。他问李晓萍："你每天的工作都这么累，生活的压力还这么大，难道你就没有一句怨言吗？"

李晓萍微笑着对这位老板说："我的所作所为只是为了我自己，哥哥是我生命的一部分，我觉得我做这一切都是应该的，谈不上什么怨言不怨言。"

是的，如果把每一件事都看作自己的事情，那么在做的时候还会有怨言吗？

在这个案例中，李晓萍面对沉重的生活压力，没有妥协，也没有放弃。让她毫无怨言地坚持下来的，就是她把照顾哥哥看成自己的事情。因为李晓萍没有怨言的坚持，向老板展示出一个很不一样的气场，所以才会打动老板。

人生总是要经历挫折后才能登上高峰。但是有时候，可能经历了很多的低谷也不一定会迎来辉煌，这时人们难免会有一些怨言。要知道，没有人能够预料到今后会发生些什么。对于那些内心强大的人来说，他们所看到的并非是某一件事情是否成功。他们认为，无论做什么，只要是为自己而做，就毫无怨言。所以，他们总是拥有平和的心态，正是这种平和的心态让他们的内心变得强大。

一个人生存在这个世界上，总是要有自己的目标，但并非所有人都能够顺利实现目标。梦想总归是梦想，放在现实中很容易大打折扣。你是否注意到，不管失败还是成功，那些没有怨言的人总是表露出一种不可战胜的气场？因为他们明白，无论做什么，都是在为自己而做，怨言也就随之消失，随之而来的是个人强大气场的形成。

有一个学术造诣颇深的学者一天在外面散步，走到一个十字路口的时候遇见了一个警察。可是这个警察愁眉苦脸的，好像没有一点儿

活力。于是这位学者就问这位警察："警察先生，你为什么这么不高兴呢？"

警察说："我每天这么辛苦地在这里指挥交通，可是只能得到50元的报酬，这样的工作真是让我受不了。"

这时走过来一个拿着清洁工具的清洁工。学者看到这个清洁工一脸的笑容，顿时觉得自己的心情也开朗了许多，便问这位清洁工："你一天能挣多少钱？"

"一天挣20元。"清洁工回答。

"你一天才拿20元，为什么还这么高兴呢？"学者奇怪地问。

"这是我的本职工作，而且做得好的话，我还可以拿更多的奖金，让我过上幸福的生活。这都是为了我自己，有什么不高兴的呢？"清洁工回答。

警察听到后鄙视地说道："只有没出息的人才会做这份工作。"

学者说："你错了。他做这份工作是快乐的，因为他没有怨言，所以脸上的笑容足以吸引很多人。而你总是认为自己在为别人工作，你的心里产生了太多的抱怨，脸上没有笑容，也就失去了吸引力。"

其实案例中所说的吸引力就是一个人的气场，气场强大的人对于任何人都具有很强的吸引力。警察由于没有把工作当作自己的事情去做，因此产生了很多的抱怨。试想一下，一个微笑的人和一个满脸怨气的人站在你面前，你更愿意和谁接触呢？毫无疑问，每一个人都愿意和具有甜美微笑的人打交道，这就是气场的魅力。

无论做什么，记得是为自己而做，那就毫无怨言。这句话看似轻巧，但又有多少人能真正明白其中的道理呢？在这个世界上，当我们面对困难的时候，我们是否总是带着抱怨和怒气去行动呢？我们是否真正能够静下来想一想，我们做这样的事情，究竟是为了谁？一个冠冕堂皇的借口总是让人丧气，而一个真实的目的却总是让我们充满力量。

扩大人生格局，改变自身的气场

古希腊数学家阿基米德说："给我一个支点，我可以撬起地球。"这种自信让人折服。其实我们的气场也一样，它是我们可以主动加强和控制的力量。我们扩大了自己的人生格局，就会逐渐改变自己的气场。一个人的格局越大，那么他的气场能量就越大。

霍英东是香港著名的富豪，他有多种身份，不但是爱国实业家，而且是杰出的社会活动家。他的成功，离不开他的人生格局。

幼年时，霍英东家境贫寒，他在7岁之前，连鞋子都没穿过。他所找到的第一份工作是在渡轮上做加煤工。家境的贫寒，是他来到人世之后面临的第一个问题。后来，他靠着母亲的少许积蓄开了一家杂货店。当朝鲜战争爆发后，他觉得航运业有很好的发展前景，此后便开始在商界崭露头角。

1954年，霍英东创办了立信建筑置业公司，他凭借"先出售后建筑"的理念逐渐成为香港地产界的巨头。后来他的经营领域不断扩大，在建筑、航运、房地产、旅馆、酒楼、石油等方面都有涉及。

在商业领域中，霍英东如鱼得水，而在如何做人方面，他也深得

其中三昧，他曾说过："做人，关键是要问心无愧，要有本心，不要做伤天害理的事……"当成为富豪之后，霍英东一直没有忘记回报社会。他在内地进行了大量的投资和捐赠，但对于这些，他却自谦为"一滴水"。"我的捐款，其实就像大海里的一滴水，作用是很小的，说不上是贡献，这只是我的一份心意！"只有像他这样拥有人生大格局的人，才能有如此博大的"一份心意"。

人生需要有格局，格局是什么样的，自己的气场和命运就是什么样的。那些大人物的成功，都是由他们的人生格局铸成的。因为当他们还是小人物的时候，他们就开始为自己规划人生的大格局，霍英东的成功就证明了这个道理。人生的格局有多大，自己的舞台就会有多精彩。要想成功，就要拥有一个大格局。

一个人能不能做大事，是由他的气场决定的。那些以自我为中心、没有远大志向的人，人生格局是很小的，他们即使碰到了重大的机遇，或者具有超常的能力，也很难做出一番骄人的成绩。

台湾著名主持人陈文茜在台湾颇有影响力，她在台湾的政界、商界和媒体界都是响当当的风云人物。她之所以能做到在政坛上叱咤风云，在生活中如鱼得水，就是由于她的人生格局和一般的女人不同。她曾经说过这样一句话："人生最怕格局小。"在她的身上，体现出了许多女人所没有的宽广视野，也体现出了许多男人所没有的胆识气魄，同时也有很多专家学者所没有的睿智和担当。这些，都来源于她人生的大格局。

也许，我们曾经为自己的平庸无为感到很苦恼，也许我们曾经总是为别人取得的成就而感到惊叹。其实，这些都没有必要。我们要做的就是反思一下，自己是否具有大格局，比如：当我们被人误会时，能否保持自己的宽宏大量；当我们遭遇不幸时，能否依旧坚强和乐观；当我们面对困难时，能否鼓起勇气去迎接挑战。

倘若我们目前还没有这些大格局，那就要注重培养，这些才是成就强大气场的前提，才是成就人生的必备条件。

强大的气场，最能提升心理暗示的可信度

积极的自我暗示可以增强自信，而强大的气场则让人的心理暗示提升可信度。

美国心理学家马丁·加拉德做过一个实验：把一个犯人绑在椅子上，蒙住他的眼睛，用刀子在他手腕上划一下。只需要擦破一点皮，让他感觉到疼痛，然后在旁边模拟出水滴落下的声音。几个小时后，犯人竟然死了。验尸官验尸后得出的结论是——死于失血。

20世纪，心理学家们曾用无数实验和文字论述，证明了潜意识的强大。从此，这个学术结论被广泛运用于成功学，几乎每一位里程碑式的成功学大师，都会在他们的教程里长篇累牍地讲授"自我暗示"的重要性。

心理暗示的效力甚至蔓延到了临床医学方面。在西方，很多病人被诊断出得了绝症之后，医生只将诊断告知病人的一位家属，然后把病人以及其他家属蒙在鼓里，只告诉他们病人得的病不重。

然后，医生让绝症患者生存在一个没人认为他身患绝症的环境里，再辅以积极治疗，没多久，病人的病症竟然奇迹般地消失了。

被誉为现代短篇小说之父的欧·亨利，曾写过著名的微型小说《最后一片叶子》，故事梗概是这样的：

一个女孩在学画的过程中得了肺炎。她躺在旅馆的床上，忽然注意到窗外常春藤上还有最后一片叶子，从此便认定这片叶子是她生命的象征，叶子一落，她就要死了。

有一天晚上，暴风骤雨突然来临，她想那片叶子一定保不住了，于是哭得很伤心。但是，她第二天拉开窗户一看，那片叶子依然如故。于是，她十分高兴，病也暂时有所好转。

其实那片叶子本来已经被吹落。她看到的那片叶子是一位老画家为她画在墙上的。

当一个人相信自己能做到某件事的时候，他就能做到——这不仅仅是一句口号。无数人靠着这个信念战胜了病魔。

在生活或事业中，我们也要尝试这样去做，告诉自己没有战胜不了的困难。只有这样，我们的道路才会越来越顺利，越来越光明。

在加拿大安大略省一个有些贫困的家庭里，有一个名叫吉姆的小男孩。吉姆学习成绩一般，唯一拿得出手的就是扮出各种夸张的表情。

后来，吉姆长大了，决定去美国做演员。他给自己定的目标是获得1000万美元的片酬。于是他找到一张空白支票，在上面写道："支付给吉姆1000万美金。"

吉姆就这样开始了他的演艺事业，每天起床，他都拿出这张空白支票看一眼。终于，在1995年底，吉姆接到了一个2000万美元片酬的合同。他的梦想终于实现了。

吉姆不是别人，正是主演了《变相怪杰》《冒牌天神》等电影的美国喜剧天王——吉姆·凯瑞。

吉姆·凯瑞的故事为我们展示了一个心理暗示带来成功的典型范例。事实也是如此，当一个人遇到困难时，若只知道自怨自艾，妄自菲薄，认为自己不行，那么他就真的不行了。而像吉姆·凯瑞这样，拼命地鼓励自己坚持下去，就真的能战胜困难。

毛主席有句话："在战术上重视敌人，在战略上藐视敌人。"说的就是这个意思。这是告诉我们，我们要在细节和技术上做到完美，但无论面对多强大的敌人，都要抱着必胜的心态去战斗。

这就是气场强大的表现，潜意识的主导其实来自气场。一个人若拥有强大的气场，那么他潜意识中的自我暗示一定很强；反之，则会被潜意识控制，常常堕入消极的心态，难以自拔。

第二章　释放你的气场，

　让你一分钟赢得好人缘

让对方难以忘记初次见面的你

很多人认为认识一个人或者了解一个人需要很长的时间，而忽略了第一次见面时自己的言谈举止和衣着打扮。其实，当两个陌生人见面后，第一印象往往会影响着你在对方心中的形象。

亚瑟是美国心理学家，根据他的有关第一印象的研究，日后形成的印象往往与第一印象一致。

众所周知，宋庆龄以其崇高的理想和高尚的人格一直为人们所推崇，同时，她良好的个人形象曾经给全世界人民留下了深刻的印象："她雍容高贵，却又那么朴实无华，堪称稳重端庄。在欧洲的王子和公主中，尤其年龄较长者的身上，偶尔也能看到同样的影响力。但对这些人而言，这显然是终生培养训练的结果，而孙夫人的雍容华贵与众不同，这主要是一种内在的影响力。它发自内心，而不是伪装出来的。她的胆略见识之高，人所罕见，从而能使她在紧要关头镇定自若，同时，端庄、忠诚和胆识又使她具有一种根本的力量，这种力量能够消除人们由于她的外表而产生的那种柔弱羞怯的印象，使她具有坚毅的英雄主义的影响力。"这是美国作家艾斯蒂·希恩对宋庆龄的评价。

好的形象确实是一种资本，如果能充分利用它，就可以帮助你打造良好的气场，提升你的影响力。宋庆龄女士就是对此最好的印证。

由此可见，良好的形象可以增强人的正面气场，而这种气场恰好是构建和经营人脉的"必需品"。因此，想要拥有超强的人脉，我们就要保持良好的形象。而树立良好的形象是从留给别人的第一印象开始的。如果你留给别人的第一印象是良好的，那么你的正面气场就会散发出强大的吸引力和影响力，别人就会尊重你、靠近你，被你所吸引，而这些也都是你在人脉圈中能够得到信任和支持的资本。相反，如果你留给别人的第一印象欠佳，那么你所呈现出来的气场也是消极的，对方就会轻视你、讨厌你、远离你。

看看我们身边那些受人尊敬与信赖的人，他们并非靠意气风发、语出惊人赢得别人的喜爱。反之，有些人言辞犀利，却无法赢得人们的尊重与敬佩。如果你想彰显自己新潮的思想，不妨加入自己的亲身体验，不自以为是，无疑会让谈话的氛围变得更加轻松愉快。

以前有一位公司的老板曾就上班迟到问题作了一个很好的回答："如果你迟到了，无论是因为吵架、身体不适，或者只是因为闹钟没把你叫醒，一定别赶着去上班。要不然你走进议论纷纷的办公室时，身上处处显示着你碰到了麻烦。如果已经迟到了，不如索性多花些时间，精心梳洗打扮一番，这样看起来会和别人不一样，然后有条不紊地去上班，这样会消除上班迟到的不良印象。与其迟到那么一小会儿，不如迟到得坦然些。"

朱宁是个刚刚进入公司的年轻人，他性格开朗，为人直率，进入公司后和同事们相处得都不错。由于公司有内部食堂，所以中午同事们大都聚在一起吃饭，嘻嘻哈哈，特别热闹。朱宁刚进公司，一脑袋的主意和意见，正愁没地儿去说。于是，经常能在中午的餐桌上，听见朱宁慷慨激昂地点评公司的政策、现状、客户，甚至公司许多其他同事的情况。慢慢地，朱宁发现自己的饭桌上越来越冷清了。有的时候，他特意跟别人坐一桌，别人也会只低着头吃饭，吃完就走。他发现，自己跟同事们的关系也慢慢冷淡下来。

有一次，公司一位快退休的领导告诉朱宁："小伙子你人不错，就是话多了点儿。说实话，你的话有些我不太爱听。我不爱听还没啥关系，要是换成你的顶头上司或者跟你有利益冲突的同事，那你就得多多小心了。可能你还没有'上路'，就因为话太多而得罪了别人，遭到他人的报复。年轻人，少说点儿话没关系，千万别多说。"听了这位老前辈的话，朱宁觉得很困惑，难道自己真的错了吗？

第一印象的重要性源自心理学上的一个著名效应——首因效应。所谓首因效应，就是指最初接触到的信息所形成的印象对我们以后的行为活动和评价产生的影响。也就是说，初次交往时，我们给别人留下的印象，会在对方的头脑中形成并占据着主导地位，对方会自觉地依据这一印象去评价我们。同时，人们对他人形成的第一印象，日后往往很难改变，而且人们会寻找更多的理由去支持这种印象，这就是所谓"先入为主"。

在一些社交场合，我们往往会发现，总有一些人三三两两在一起交谈得很热烈，他们的脸上也都洋溢着笑容，俨然像一群久未谋面的老朋友。但如果上去一打听，或许你会知道，他们不过是刚刚认识。为什么陌生人见面才几分钟就交上朋友了呢？一方面是他们懂得交友之道，另一方面在于他们把握了初次见面的头几分钟，给对方留下了好印象。也就是说，在这最初相识的时刻，他们释放出了自己的正面气场，牢牢地吸引住了对方，所以谈得来是理所当然的事情。

对于第一印象的重要性，信纳德·佐宁博士在《交际》一书中提出了这样的观点："陌生人之间接触的头几分钟是至关重要的。因此，当你在社交

场合中遇到陌生人，如果能把注意力集中在对方身上几分钟，那么你的生活或许将因此而改变。"

综上所述，可以看出第一印象是多么的重要。那么我们在日常生活中如何给别人一个良好的第一印象呢？下面这几种方法可以帮助你。

1. 约束自恋倾向

你是否会在刚认识的朋友面前滔滔不绝地谈论你新买的车？心理学家认为这会严重破坏你的第一印象。虽然我们都有炫耀的冲动和理由，但必须顾及别人的感受。所以应让别人谈谈他们自己，然后给予真诚的回应。

2. 控制焦虑情绪

即使你对某些话题不甚熟悉，你依旧可以给别人留下美好的第一印象。你需要做的就是关注对方，这样会减轻压力，切记不要盘问刚刚认识、还不怎么熟悉的人。在特别紧张时，一定要放慢语速。

3. 保持轻松的心情

在初次交往中，认知专家和心灵自助导师都建议"做真实的自己"，但是面对新朋友时，应该将坏情绪收起来。也许你只是一时不快，但这样会给你的新朋友留下整日发牢骚的印象。这些不良情绪有可能还会波及他人，所以要尽量营造轻松愉快的交流氛围，然后再和对方一起谈谈困扰你的问题。

4. 接触对方的眼神

如果你想对一个陌生人有所了解，只要看着他的眼睛，即可对他的基本情况做出判断。与对方初次相遇时，眼神接触、微笑等都是至关重要的环节。如果对方眼睛闪着光，这个时候你可以肯定对方是个善意的人，你应该还以微笑，好的气氛就是这样营造出来的。

5. 与对方同步

主动对身体姿势和语言作出调整，以此来达到适应新朋友的目的。因为人容易被彼此间相似的特质所吸引。如果你用与对方相似的语速说话，他们就会有所反应；当新朋友点头或摇头时，你也做出同样的动作回应，马上就会营造出和谐的气氛。

6. 适时恭维对方

人们总是喜欢听别人说自己的好话。我们应关注对方所取得的成绩和成就，给予适当的鼓励和赞美，这样才不会让人觉得是在故意拍马屁。

每个人，做什么事情都有"第一次"。不论和某人认识多久，"第一次"只有一次，就算是后来有很大的改观，"第一次"的印象总是最深刻的，所以第一印象非常重要。既然如此重要，我们更应该注意自己留给别人的第一印象。

一个人的礼貌是映出他内心世界的镜子

气场有许多外在的表现形式，包括一个人的家庭背景、成长环境、学识、专业以及形象等。气场之所以包罗万象，是因为它吸纳了一个人在成长过程中所有的得与失。而作为形象中的一个重要组成部分，礼貌对一个人气场的形成和提升都起着十分重要的作用。

礼貌是现代人都应具备的一种教养，换句话说，一个人如果能够经常保持受人欢迎的礼貌，那么他的气场就会随之而来，并以此来吸引更多的人。礼貌主要表现在一个人的言谈举止方面。

俗话说："礼貌是打动陌生人的第一要素。"要想给他人留下好印象，就必须注重自己的礼貌。一个人的礼貌是映出他内心世界的镜子，通常懂礼

貌的人，内心世界也更温和，更容易得到他人的喜欢。

一般而言，一个具有优雅气质、谈吐不凡的人总是很受欢迎的。在交际中，外在的行为举止决定了别人对你的大部分印象。一个人连讲礼貌也做不到，别人还怎么相信你呢？

杜伟是学精算的，刚从国外留学回来，非常有才华。只要是别人能说得出的问题，他都能迅速回答出来。曾经有几个关系比较好的朋友，一起给他出题，频率非常快，杜伟依然对答如流。

但是，这么优秀的杜伟一直找不到好工作，很多人都感到不解。

如丝之前跟杜伟有过简单往来，她是一个非常懂礼貌、行为举止非常优雅的人。如丝说："我跟杜伟不是一路人，我实在不喜欢不懂礼貌的人。"

如丝的话道出了重点，杜伟是个非常邋遢、不注重外表也不懂礼仪的人。他为人大大咧咧，不拘小节。

有一次，杜伟来如丝的公司面试，如丝负责接待他。当时，他穿着邋遢，帽子也戴得歪歪扭扭，一进门连招呼也不打，直接大摇大摆地坐下。

"你能说说你有什么优点吗？"如丝一看这个人就很反感，但还是耐着性子跟他交流。

"我优点可多了，我很有才华。"杜伟一点儿也不谦虚。

"先生，你对礼貌这个问题是怎么看的？"如丝不由得带着一丝嘲讽问。

"要看一个人的真实才华，不能以貌取人。"

"先生，你说得不对，一个连礼貌都不注重的人，你还能指望他做什么呢？你的帽子戴得都是歪的，我很难相信，你做事会勤勤勉勉，一丝不苟。"

就这样，杜伟因为不懂礼貌被淘汰了。

很多时候，礼貌代表了我们的形象。跟懂礼貌的人相处，气氛会更和谐融洽，让整个交往过程更顺畅，这就是礼貌魅力之所在。

有些人在交际时，行为粗鄙，态度恶劣，每个人看到他们都忍不住敬而远之。

每个人的喜好不同，有的人喜欢潇洒有风度，有的人喜欢温文尔雅，有的人喜欢直率坦诚等。但不管怎么说，这些都是美好的特质，有礼貌才能塑造出更完美、更受欢迎的形象。

某位心理学家说过，在交际时，他人对你的评价就在短短几分钟之内完成。这几分钟里如果给人留下懂礼貌的印象，你就等于获得了大家的初步认可。

因此，我们的各种外在信息在社交中都有举足轻重的影响，如果没有得体又优雅的外在形象，就很难给他人留下好印象。

有些人对此也存在质疑，说注重外在是以貌取人，事实上并非如此。懂礼貌，是对他人的一种尊重，知礼、守礼才能保证正常的交往。很多有经验的社交高手，在交际时总是表现得知书达理，这是对他人的尊重，反过来，也会得到他人的尊重。

是否懂礼貌直接影响了双方关系的发展，决定了对方对你的印象，所以，在与人交往时，一定要绷紧脑子里的弦，行为举止非常重要，千万不能不当回事。

那在交际中我们怎样才能维护好自己的形象，怎样才能不失礼呢？这要从以下几个方面做起：

1. 懂得尊重对方

在交际中一定要守时，这是对人基本的尊重，也是自己内涵的展现。在

正式场合，很多人都无法接受对方的迟到。先不说交往怎么样，迟到的人在态度上就有问题。

如果是男士，在赴约时最好提前到达，女士准时到达就可以。如果你经常进行交际，你就会理解这些礼貌的重要性。

"小姐，对不起，我迟到了。"一位男士跟一位女士通过相亲认识后，进行了他们的第一次约会。

"没事，我也没来多久。"女士虽然这么说，但心里还是不舒服。

男士丝毫没有察觉，依然自顾自地说话。不知为什么，当时男士的话没有一句是女士爱听的。女士也很纳闷，之前对他的好感都去哪里了？

最后，两个人不欢而散，关系也不了了之。

其实女士越看男士越不顺眼，多半是因为心里对男士迟到的事有芥蒂，以致影响了接下来的交往。

2. 交谈时要专心

在交往时一定要尊重对方，专心跟对方交流，不能心不在焉。如果我们说话时，对方心不在焉，或者答非所问，我们肯定会很生气，这是对人的极大不尊重。

在听别人说话时，我们要注视对方的眼睛，面带微笑，并不时地点头，表示自己在听，并且很感兴趣。在此期间，如果没有重要的事，不要东张西望，不要频频看时间。

"不好意思，我不想跟你说话了。"一位女士跟正在聊天的男士说了一句这样的话就扭头离开，只剩下男士在原地尴尬不已。

在聚会上，两个人在聊天，男士因为担心女朋友，所以一直心不在焉，连笑容都很勉强，还不时拿起手机看看是否有未接电话。

女士把男士的一举一动都看在眼里，感觉自己受到了轻视，所以就很生气地离开了。

在沟通时专心听别人说话是对别人的基本尊重，也是大家必备的社交礼仪。为此失礼，肯定会让自己的形象受损。

还有，在谈话时要主动寻找话题，不要冷场。很多人在第一次交往时都会有些不适应。为了避免尴尬，要提前准备好话题，尽量找到共同话题，不要冷落对方，让对方感觉自己插不上话。

如果我们只顾自己滔滔不绝，不顾他人的感受，也是失礼的表现。因此，要学会引导话题，进行互动。

值得注意的是，在交际中不要过多询问他人的隐私，要懂得适可而止。有的人认为，跟对方聊得更深入会更好。其实不然，在涉及隐私问题时，一定要懂得回避。尤其是第一次见面时，如果话题太过私人化，对方会感觉不舒服，甚至感觉你居心不良。

女性的年龄、健康状况、婚姻问题等，最好不要随便过问。如果想知道，也要等到相熟之后再询问。

礼貌是一个人内在修养、外在素质的重要体现，也是交际时的必要手段。很多时候，在交际时都要注意规范一下自己的行为，不要因为失礼而影响了自己的形象。一个懂礼貌的人，才能给大家留下好印象。

现代社会越来越注重礼貌，在社交中，它几乎成了一个很明显的标志，越来越表现出无可替代的重要性。因此，用礼貌塑造自己的良好形象就成了必修课。不失礼，才能在交际中如鱼得水，取得成就。

满面笑容的人，有着最动人的气场

一个总是满脸笑容的人，往往比一个一脸严肃的人更善于表达，更容易打动人心，也更受大家的欢迎。在人际交往中，常常保持欢笑，可以让你更受大家的瞩目，更受大家的欢迎。

当你在社交场合中遇到陌生人，对其微笑，你所散发出来的气场就会呈现出一种温和的状态，具有极强的亲和力，可以瞬间赢得对方的好感。

俗话说："伸手不打笑脸人。"没有人会拒绝与一个满脸笑容的人交往。让自己成为一个拥有灿烂笑容的人吧，这样你在人际交往中就会占据优势。你的笑容不仅能打动人、影响人、感染人，还能给你带来好运。

李美静是某动车上的乘务员。在大家眼中，她是一个以笑容打动乘客、打动同事、打动朋友的人。

有一次，车刚开动不久，一个乘客多次把脚放在对面的座位上。李美静上前去劝其放下脚，这个乘客不仅不听，还对李美静出言不逊。李美静没有与他争执，始终面带微笑一次又一次地劝解。最后，事情终于在李美静的微笑中解决了。

临下车前，那位乘客特地找到李美静，惭愧地说："对不起呀，乘务员，刚才我心情不好。你的微笑打动了我，你的服务态度影响了我。"李美静报以真诚的微笑说："没关系。"

还有一次，一个孩子在车上嗑瓜子，把瓜子皮吐在了车厢的地板上，李美静微笑着上前劝告。孩子没有反应，孩子妈妈生气了，故意让孩子继续吐瓜子皮。李美静始终微笑着，边劝阻边扫瓜子皮。

乘客见李美静这样的态度，非常不好意思，主动让孩子停止这种没有公德心的行为。

李美静用自己真诚的微笑打动了乘客，从而使乘客改变了不良的行为。她的微笑留给乘客深刻的印象，大家对李美静的评价都很好。

微笑是上帝赐给人类最美好的礼物，是一种令人愉悦的表情。面对一个满脸笑容的人，你会感受到他的自信、友好、乐观。同时，他这种积极的情绪也会感染你，使你油然生出自信、友好和乐观，从而很快和对方亲近起来。

微笑是一种内涵丰富的表情。微笑可以传递正能量，微笑可以消除人们之间的陌生和矛盾。当然，笑容必须是真诚的，发自内心的。

微笑是最好的交流方式。微笑是真诚、友好、善意的标志。微笑可以化解矛盾和冲突，使关系变得简单、明了；可以调节人与人之间的关系，可以营造和谐、融洽的氛围。

在一些交际场合，当你一露出灿烂的笑容，许多问题就会迎刃而解，许多关系都会因你满脸的笑容而变得亲切、融洽。你的笑容会带来许多意想不到的效果。在人际交往中，一定不要吝啬你的笑容。

要想在交际中取得很好的效果，获得好人缘、好关系、好人脉，必须养成微笑的好习惯。人与人相处，微笑可以使你的面容更美丽、更精致。你的笑容就是你的法宝，能把你的真诚、善意、友好传达给所有与你交往的人。

微笑不仅是为了别人，更是为了自己。面对生活，我们应该尽情绽放灿烂的笑容。

当你在交际中遇到困难时，你可以思考一下，是不是因为你对人太吝啬

了，没有露出你的笑容？

如果是这样的，那你就给自己印一张特殊的名片吧。这张名片上应该有这样一行字："世界因你的微笑而微笑。"

很多人都不善于微笑，事实上，微笑也可以成为一种习惯。开始时，你可以练习着自己微笑，慢慢就会习惯成自然。

失业的张铎有一个缺点，就是总爱绷着一张脸，不苟言笑。对待家人、朋友、合作伙伴，一向都是一脸严肃冷峻的表情。

现在，张铎完全像变了一个人似的，还成了一家报社的正式员工。在进入报社之前，他做过很多工作，也自主创业过很多次，但每次都失败了。

张铎找到了创业失败最重要的原因，就是不懂交际，在交际时缺少微笑。他决定重新开始找工作，并成功应聘到现在的这家报社。

张铎给自己设计并印制了特别的名片。名片的正面是姓名、联系方式、工作单位，反面是："世界因你的微笑而微笑！"他每次递出名片时，总会真诚而友善地给对方以微笑。

一开始，张铎很难改变自己严肃的表情，总是强迫自己微笑。他每天练习，面对着镜子笑，面对着家人笑，面对着朋友笑。时间久了，笑肌就练出来了。慢慢地，笑成了他生活中不可缺少的一部分。

现在，他时常笑容满面、热情真诚，给许多人留下了良好的印象。短短一年的时间，张铎把报社的业务搞得红红火火，发行量剧增，并得到了老总的赏识。

在人际交往中，要学会自然地微笑。微笑是快乐心情的一种表现。自然而美好、亲切而真诚的笑才是完美的。最好不要假笑、傻笑、苦笑。

在人际交往中，你的微笑能传达出你的真心诚意。人对笑容的感受力和识别力是非常强的。一个笑容代表什么意思，是否真诚，人通过直觉是能很敏锐地辨别出来的。所以当你对别人微笑时，一定要真诚。

真诚的微笑能让对方的内心产生美好和温馨的感受，对方会受你的感染报之以更加真诚的笑容，使双方处于情感的愉悦之中，从而加深交往双方之间的感情。

在交际中，你的微笑要符合不同的人际关系和沟通场合。你的微笑要表达不同的意义。对不同的交往对象，要露出不同含义的微笑，以此传达不同的情感。尊重、真诚的笑容应该给长者，关爱的笑容应该给孩子，温柔的笑容应该给爱人，等等。微笑使人觉得你很友善，喜欢并愿意与你交往。

不是任何场合都适于展示你的笑容。如果笑得不合适、不恰当、不适时，就会适得其反。当你去参加一个庄严肃穆的场合，你就不能露出笑容，否则会招致别人对你的反感和厌恶。

笑容是对对方表示的一种友好和礼貌，是对他人的尊重，也是自尊、自信的一种表现。多绽放你的笑容，并要使自己笑得恰如其分。这样才会体现笑容的价值，让你在交际中成为最能打动人心的那个人。

记住别人的名字

美国人际关系学大师戴尔·卡耐基说过："一种既简单又最重要的获取好感的方法，就是牢记别人的姓名。"这就是名字暗示的特殊魔力，无论对

谁，传递给他的最甜美、最重要的声音就是他的名字。记住对方的名字，是一种最真诚的赞美，是获得对方好感的最简单、最重要的一个方法，更是在交际中散发自己气场、吸引众人的最佳方式。

　　李雪是一个很有心的女孩子。每年，她都会把小学、中学、大学的毕业照拿出来，看着那些熟悉的同学的脸庞，一一说出他们的名字，这似乎成了她每年必做的"功课"。正因为时常"复习"，所以碰上多年未见的同学，一时想不起名字来的尴尬事从没发生在李雪身上。
　　在毕业20年之后的一次小学同学聚会上，当很多人都忘记了同学的名字的时候，只有李雪还能清楚地说出在场的每一位同学的名字，并且还会不时地说出谁比小时候变得更漂亮了，谁比小时候变得更温柔了之类的话。当晚，李雪成了聚会上最受欢迎的人，大家都竞相和她聊天。当然，如果李雪需要帮助，老同学们自然愿意出手相助。

　　牢记别人的姓名是非常重要的，因为你能热情地叫出对方的姓名，从这个过程中就体现出你对别人的尊重，进而给对方留下一个好的印象。
　　在这方面，拿破仑给我们做了很好的榜样。拿破仑经常询问士兵的家庭情况，并且他能够准确地叫出每一个下属的名字。他喜欢在军营中和将士们交流，因为这样可以增进上下属之间的感情。拿破仑的这种做法不禁让他们的下属感到意外：他们做什么，他们的皇帝竟然都知道。这种做法，让每个军官都感到自己有种被重视的感觉，也使他们对拿破仑忠心耿耿，甘愿效劳。
　　拿破仑的做法是值得大家学习的。每个人最敏感的莫过于自己的名字。一般而言，如果你能准确说出对方的名字，更能拉近彼此之间的距离。记住对方的名字，无疑也是对对方的一种尊重。可以说这是一种最简单的感情投资方式，能为你今后与对方的交往打下良好的基础。

　　王思有一项值得骄傲的本领，就是只要是打过招呼、彼此作了介绍的人，她都能记住对方的名字，第二次见面的时候绝对不会忘记。她有记名字的技巧，其实她的技巧并不复杂。如果是初次见面，对方介绍自己时，说得不是很清楚，王思就会说："抱歉，麻烦您再说一次，我没听清楚。"如果碰到别人的姓名里有生僻字的时候，她就说："这个字怎么写？"

　　在谈话的过程中，她又会把对方的名字重复说几遍，试着在心中把名字跟对方的特征、表情和容貌联想在一起。

　　有时候她回家后，甚至会把对方的名字记在纸上，仔细看几遍，并在心里默默诵读，以加深记忆。就这样，这些名字在她心中就留下了深深的印象。

　　虽然记住别人的名字看似是小事一桩，但能记得别人的名字，并准确说出来，能体现出别人在你心目中的分量。这不仅有利于拉近彼此的距离，进行合作，从中还能体现出你的修养。

　　在现实生活中，我们经常会遇到类似的情况，觉得对方眼熟，可就是想不起来对方的名字，或者是把别人的名字弄错了，这样往往使自己陷入尴尬的境地，也给对方留下了不好的印象。

　　记住别人的名字是一种拉近感情和沟通的重要手段。你要想拥有好人缘，必须善于记住别人的名字。

特别的爱给特别的你

心理学中有种"晕轮效应"，月亮存在月晕的时候，便不能看清月亮的轮廓，人也是这样。所以晕轮效应指的是人们对他人的认知判断首先是根据个人的好恶得出的，然后再从这个判断推论出认知对象的其他品质。而第一印象往往成为好恶的凭据，所以我们不得不努力让自己给人的第一印象好点好点再好点，这样才能散发出正能量的气场，让对方对你有好感。简而言之，好的开始是成功的一半。你的自我介绍要是让人耳目一新，那么在即将开始的交际当中肯定也会顺畅不少；如果你的自我介绍平淡无奇，那么便要绞尽脑汁想办法挽回局面。

肖云飞今年27岁，本来觉得青春无限好，对没有男朋友这件事并不在意。没有想到"90后"都开始成双入对了。肖云飞后知后觉地发现自己加入了"剩女"的阵营。逢年过节回到家中，没有人再问她考试多少分，而是问她有没有对象。当得知她目前还孑然一身的时候，亲戚朋友就会说："你胖了，脾气又不好，这样的姑娘不好找对象。""又要身高，又要学历，还要感觉的人根本不好找。"在这种巨大的压力下，肖云飞不得不去世纪佳缘网站注册了账号，又在老妈的"威逼利诱"之下，参加了这次盛大的"集体相亲"的活动。放眼望去，唉，"剩男"的水准无法保障啊！眼前的这些人让肖云飞连说话的冲动都没有。

　　等等，坐在角落斯文有礼、温文尔雅的那位还是不错的，她正想着，旁边的人拉了拉她的袖子，原来该她作自我介绍了。肖云飞站了起来，说："听说每个女人都是为爱折翼的天使，她们来到人间，就再也回不到天堂了，所以需要男人好好珍惜。"话音未落，便有人嗤笑起来，原来刚才已经有人说过自己是折翼的天使了。但肖云飞接着说："我也是天使，不过降落的时候不小心脸先着地，回不了天堂是因为体重的关系。还好，我有一颗天使般的心。在我27岁的人生中，曾经有三个男孩相当'识货'：有一个曾经要同我共赴黄泉，他说'你要是不给我抄作业，我就跟你同归于尽'；有一个同我相约下辈子，他说'想要我爱上你，除非下辈子'；还有一个男孩子愿意为我去死，他说'如果你是我的女朋友，我宁愿去死'。以上就是我的情感经历，谢谢大家。"这次，掌声雷动，无数张小纸条被传递到肖云飞的手中。

　　一个人给别人的印象如何，几句话便能决定，一句话说得好，就能引起别人的强烈注意，给人以好感。

　　为什么我们的自我介绍这样重要呢？因为自我介绍能体现出我们的特点，体现出我们的性格，而这些特点和性格，往往是人们评价我们或者同我们交流的重要依据。

　　那么怎样的自我介绍才能"震惊四座"呢？

1. 幽默式

　　人们都愿意同幽默风趣的人相处，因为轻松愉快，在生活压力大的今天，轻松愉快是可望而不可即的企盼，所以我们愿意自己周围有幽默诙谐的人。枯燥的会议，因为有他而变得有趣；冷场的局面，因为有他开始红火热闹。面对拉长了脸的上司，面对奸诈狡猾的客户，他妙语如珠，缓和了紧张的气氛。

　　如果你的自我介绍非常幽默，大家都认定你具有一种奇妙的本领，从心理上他们便开始想要亲近你。如何做到幽默呢？可以将自我介绍"拟物"，比如说："我是1983年制造的，目前的各个零件都是原装的。"也可以用双关，将自己的名字嵌到一个段子中去："我是白羊座，都说白羊座是天生的领导和糟糕的下属，在我身上只体现一半，我的确是糟糕的下属。"甚至可以采用自嘲的方式，让大家看出你的豁达开朗。

　　2. 交情式

　　人际关系中有一个奇特的现象，那便是熟悉是亲近的底线。从我们常人的心理出发，我们更愿意跟熟人们一起聊天，而不是夹杂在一群陌生人中大眼瞪小眼。可是，只要你用心，你就会发现，两个人之间总是有这样那样的联系的。

　　所谓的交情式，便是攀交情找联系，将天南地北不相干的两个人用一根纽带联系起来。如果你们住的地方有些相近，那么感情会立刻融洽；如果你的母校跟对方的母校在一个城市，说说那个城市的老槐树和特色小吃，那么话题就会熟悉；若是你们都认识某人，那么当然可以算是半个朋友了。攀交情要从这几个角度攀起——地缘、人情、风俗，等等。

　　3. 礼貌式

　　中国人是强调礼数的，在自我介绍的时候，一定要有礼貌。因为礼貌在人际关系中至关重要，它反映的不仅仅是外在的交际能力，还是一个人内在的思想道德水平和文化修养。当你说第一句话的时候，采取礼貌用语会给你加分不少，尤其是自然流露出的礼貌和修养，更能让其他人对你好感倍增。

　　4. 关怀式

　　这种方式要求你有一双慧眼，能从别人的神情和语气中发现蛛丝马迹。这也是自我介绍中最难把握的一个招数，因为要求你有侦探般的观察力和推理能力。

你察言观色，感觉到在场的人近期关注的话题是什么，掌握大家的心理，而后的自我介绍便能直接戳中大家的心脏。比如说，这一桌大多是程序员，你作自我介绍的时候可以说自己是半个程序员，因为你总是茫然地在电脑上敲击出无数的乱码。总之，让对方认为你理解他们，这就对了。

5. 悬念式

面对素昧平生、没有交集的一群人，如果你对他们一无所知，但是还想同他们交流，这时候用悬念式开始自己的第一句话是再好不过的。设置悬念就是先抛出一个很让人玩味的话题，而后将答案和盘托出，在问答之间，成功调动对方的谈话兴趣，减少陌生感，还能给对方留下不可磨灭的深刻印象。

第一次见面时，心中要有一个清晰的界限

和陌生人聊天，心中要有一个清晰的界限，明确什么问题该问，什么问题不该问，要牢牢地掌握和陌生人说话的尺度。毫无顾忌地表达自我、品评事物是一件十分痛快的事情，能肆无忌惮地释放自己的气场，成为现场的焦点。但并不是和每个人都能毫无顾忌地说话。尤其在陌生人面前，一定要前思后想、左右衡量之后，才能把话说出口。否则，不但沟通的目的达不到，还有可能得罪对方，导致不良后果的产生。

小江是一个化妆品推销员。她有一次就遇到了一件尴尬的事情。

她在咖啡厅看到一个20岁左右的女孩独自坐着发呆，便走过去和女孩说话。

小江先开口说："你来这里喝咖啡啊！我也经常到这儿喝咖啡，他家的咖啡还不错。"

女孩礼貌地点点头。见对方没有拒绝自己，小江又试探性地问道："你平时都有什么消遣啊？喜欢玩些什么？"

女孩说自己不太爱玩。小江揣测对方一定是没有男朋友，否则不会一个人发呆。

于是，她准备切入主题，介绍自己的产品："说实话，你的皮肤不太好。其实女人不怕长得不好看，就怕皮肤不好。不是有句话叫'一白遮三丑'吗？你的皮肤白嫩了，整个人也就有气质了。到时候追求你的男孩子一堆一堆的，还愁没有男朋友吗？"

女孩听着听着，眼神就有点儿不对劲儿了，她站起身，瞪着小江，声音提高了八度："你这个人怎么说话呢？我皮肤怎么不好了？谁说我没有男朋友啊？我看你才没有男朋友呢！得了得了，你别给我介绍了，我没空听你介绍这破产品！"

说完，女孩甩身离开了，留下小江一个人承受周围人异样的眼光。不用说，这时整个咖啡厅的人都不会有兴趣听小江介绍她的"破产品"了。

小江的经历正好验证了一句话——东西可以乱吃，话不能乱说。对于一个年轻女性来说，被别人说不漂亮、皮肤不好是一件很忌讳的事情，而"没人追"之类的话，则更是令其感觉备受侮辱。这样的沟通方法，怎么能让对方乐意继续交流呢？由此可见，跟陌生人说话，一定不能抱着"试试看"的心理，只有找准切入点，"对症下药"，才能让对方乐于接受。

　　首先，要先对陌生人进行必要的了解，没有把握的话不要乱说。如果你在不了解的情况下，对着一个陌生人大肆贬损某个行业，而眼前的人恰好从事这个行业，可想而知，谈话是无法进行下去的，你也难以给对方留下好的印象。

　　其次，跟陌生人谈话不要长篇大论、漫无边际，要适时切入主题。一般来说，我们不会平白无故地和陌生人交谈，通常都有一定的目的。这种情况下，虽然不能上来就直奔主题，但也不要绕得太远，做太长的铺垫，这样对方很可能还没有听到你谈话的重点，就已经没有兴趣了。

　　另外，还要注意不能随便打听别人的隐私问题。现代人越来越注重个人隐私，有时在自己的家人、好友面前尚且不愿意公开谈论，当然更不会愿意告诉第一次见面的陌生人。因此，如果想要和陌生人建立起沟通关系，就不要随意打探对方的隐私，否则很有可能触怒对方，失去和对方沟通的机会。

　　蔡瑜毕业没多久，就来到大城市打拼。她刚租好房子时，合租的小伙伴在门口和她打招呼："你好，听房东说你叫蔡瑜，真是个文雅的名字。你是哪里人呀？"

　　蔡瑜扭头一看，是个陌生的男子，看着倒还和善，回答道："你好，我来自洛阳。"

　　"原来是来自古城的，怪不得呢！那你的工作也一定很有文学气息吧？"

　　"我是做经济贸易的。"

　　"听说这行特别挣钱，你工资挺高吧？月薪能上万吗？"

　　蔡瑜一听立刻尴尬地低下了头："啊……我刚从事这行没多久，还在实习期呢！薪水嘛，也就……"蔡瑜越说脸色越不好看，最终没有说

出那个数字，而是说了声"我要收拾屋子了"，就关上了房间的门。男子站在门外，似乎意识到自己打听得太多了。

对于很多人来说，薪水绝对属于个人隐私。在人际交往中，薪水也是一个雷区。某网站的高级副总裁比尔·科雷曼说："讨论薪水高低所带来的后果是，无论怎样，永远都会有一个赢家和一个输家，总会有人感到自己受了伤害。"在上面的案例中，蔡瑜在男子不合时宜的问话中感觉到了自己和一般同行的差距，从而产生自卑、难过的心理，自然对问话的人产生了不良印象，因此立刻结束了谈话。

从另一个角度来说，随便询问别人的工资，就好像在打听对方有多少财产，显然会让对方产生不安全感。因此，对方的收入情况绝对是谈话中的一个雷区，我们要注意躲避，千万不要触发对方的不良情绪。除了薪资之外，对于很多人来说，情感问题、家庭关系、个人爱好等，都属于比较私密的话题，我们在谈话的时候应该尽量避免涉及。

总之，和陌生人说话一定要带一杆"秤"，想说某个话题之前，先衡量一下，太重的话题往往涉及对方的隐私，我们还是免谈为好。

利用名片，让别人时刻都把你牢记

有人说："名片是人脉资源的存折。"这句话很有道理。在社交场合，我们经常会看到，那些成功人士几乎都拥有自己精美的名片。在与别人初次见面时，在简单的自我介绍之后，他们总是会习惯地向对方递上自己的名片。虽然这只是社交过程中一个不经意的习惯性动作，但在人脉关系构建的过程中，所起到的作用是巨大的。这是因为在日积月累的交换名片的过程中，人脉也会随之不断累积。

所以，千万不要小看了名片。在社交场合，要记得随时随身携带着名片，适时地把它们发出去，这样，你的人脉半径将会越拉越长。如果你还没有自己的名片，那就赶快设计制作一张吧。这方面，我们应该向乔·吉拉德学习。

乔·吉拉德是世界上最伟大的销售员，同时也是全世界最受欢迎的演讲大师。他曾为众多世界500强企业精英传授自己的宝贵经验，很多人从世界各地赶到一个地方，只为了能够听到他的演讲。

有一次，已经74岁的乔·吉拉德刚一上台，便开始跳迪斯科，跳得兴起时甚至站在讲台上，他的这种兴奋和热情顿时令所有人都跟着他疯狂起来。

这时候他大声问道："在座的各位，你们想成为世界第一的推销员吗？"

所有人齐声回答："想！"

"你们知道我是怎么做到的吗？"

"不知道。"

"你们想知道吗？"

"非常想。"

"请问各位，你们有没有我的名片呢？"

"有。"

"有几张呢？"

"有1张。"

"有2张。"

"有3张。"

"有10张。"

"有100张……"

乔·吉拉德接着说："各位，这还远远不够。"说着，他把西装解开，从衣服兜里至少掏出了3000张名片，抛撒在整个会场。顿时，全场更加疯狂。

最后他说："各位，这就是我成为世界第一名推销员的秘诀，演讲结束。"

乔·吉拉德之所以能够成为最伟大的推销员，有一个重要的原因就是他的人脉够多、够广，而这些人脉的取得，自然与他时时刻刻随身携带足够多的名片有着密切的关系。当然，乔·吉拉德的这种习惯也与他自己的职业有关，对于没有从事推销行业的人来说，自然不必每天把几千张名片带在身上。但是，在社交场合，适当地带上一些名片还是十分有必要的。

另外，携带名片并不是最终目的，也达不到最终的社交效果。要想让名片在人脉累积方面发挥作用，就要学会与对方交换名片。也就是说，既要把名片送出去，也要把名片要回来。

交换名片的过程其实就是一个传递气场的过程。如果不能掌握其中的一些技巧，很可能会破坏你的气场，让对方对你产生厌烦的情绪。

戴维是一名软件工程师，很爱交朋友，所以经常去参加一些业内人士举办的宴会、研究会，在会场上他总是找机会与别人交换名片。

一次，在参加一场主题研讨会的时候，戴维照例拿出自己的名片与别人开始交换。当天，参加研讨会的业内人士非常多。一会儿的工夫，戴维的名片夹已经装满了，于是他只好把接到的名片随手揣进了裤兜里。不过，他没注意到的是，当他刚一转身，刚与他交换名片的人就把脸沉了下来，并随手把他的名片扔进了垃圾桶。

由此可见，虽然交换名片是一个很简单的行为，但其中的意义非同小可，它可以给你带来人脉，也可以让你失去人脉。交换名片时，如果你能掌握一些小技巧，避免一些错误的行为，那么你所传递出来的气场将是正面积极的，会给人留下很好的印象。而这也将成为你日后与之进行进一步交往的一个重要因素。一般来说，交换名片时，要注意以下这几点：

（1）面对长辈或上司的时候，除非对方要求，否则不要主动出示你的名片，那样显得十分不礼貌；

（2）名片并不是多发就会多受益，尤其是在面对诸多陌生人的时候，如果你只顾递出自己的名片，会让人以为你是一个低素质的推销员；

（3）面对诸多陌生人时，尽量等别人先递来名片，然后再伺机递出你的名片；

（4）向别人递名片时，正确的做法是起身站立，走上前去，使用双手或者右手将名片正面朝上，递交对方；

（5）接受别人的名片时，应双手捧接，或以右手接过，切忌单用左手接过；

（6）在接过对方的名片后，要立即用最短的时间从头至尾将其认真默读一遍，意在表示尊重和重视对方，不过，这个时间最好不要超过30秒；

（7）当你看过对方递过来的名片后，应细心地将名片放入上衣口袋或者名片夹中；

（8）如果是与多个人交换名片，一定要依次进行，切勿采用"跳跃

式"，否则会被人认为厚此薄彼。

掌握这些小技巧之后，你就可以利用名片结识许多陌生人。当然，话又说回来，收到名片并不是最终目的，离人脉的构建还有很长一段距离。因此，在收到对方的名片之后，你要做的是趁热打铁，抓紧联系，争取留给对方一个深刻的印象，这样才能为今后的进一步交往奠定基础。

第三章　谈话有气场，
你能说服任何人

说出自己的魅力，你就是"教主"

已故的苹果公司前任CEO（首席执行官）乔布斯，被他的粉丝亲切地称为"教主"，他的巨大影响力从他在27年的时间内总共七次登上《时代》周刊的封面即可看出。中科院研究生院硕士、美国得克萨斯科技大学博士、中国宽带产业基金现任董事长、联想集团独立非执行董事田溯宁曾这样形容乔布斯："他光芒万丈，高山仰止。"

从2001年乔布斯预见到音乐领域即将发生的变革——传统的音乐产业利润下降，相比购买CD唱片，音乐爱好者更愿意从互联网上下载音乐作品，从而推出iTunes开始，到同年推出的iPod，再到2007年推出的iPhone，再到2010年推出的iPad，他的一大批仰慕者、众多投资者、无数的音乐爱好者、数以亿计的电影爱好者和数字化时代的年轻人，都被这些产品的神奇力量所征服，纷纷购买这些产品。

从来没有哪个品牌能达到如此辉煌的成就，如同从来没有哪位企业家能拥有乔布斯这般的影响力。

除了苹果公司的产品本身的优势以外，乔布斯的个人魅力对苹果产品的销售亦起到了无法估量的促进作用。这种个人魅力，即个人的气场，能潜移

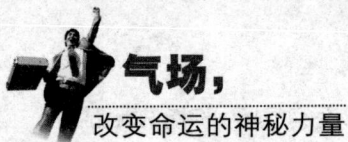

默化地影响他人的情感和行动。

在说服心理学中，人格魅力占有重要的地位。若要获得别人的信任与信服，首先需要塑造自身的人格魅力。

提到鲁豫，相信大家都不会陌生。这个被誉为"中国的奥普拉"（美国脱口秀女王）的主持人，以非凡的语言天赋、标志性的发型、知性的气质、极快的反应速度、极具亲和力的主持风格成为中国主持界的一朵奇葩。在每期的《鲁豫有约》中，她总是能让嘉宾们说出自己的故事。即使嘉宾跟鲁豫打太极，鲁豫总能成功地说服嘉宾，从他们的口中"套出"想要的答案。而这一次次的成功，都得益于鲁豫独特的人格魅力。

那么，个人魅力与说服之间具体又有怎样的关系呢？

美国心理学家凯文·霍根曾做过这样一个实验，可以看出个人魅力与说服之间的关系。

凯文·霍根和他的一位朋友均扮成挑选婚戒的准新郎，不同的是，凯文·霍根穿着笔挺的西装，戴名贵的手表，谈吐得体，而他的朋友则穿着牛仔裤和T恤，甚至故意做出一副吊儿郎当的样子。

他们各自去了5家不同的珠宝店，并记录了等候接待的时间，以及在店员展示戒指的时候试图说服店员"在没有保安人员在场，你可以从保险箱中取出最高价值多少的钻石给我们欣赏"后店员的反应。

最后得到的统计结论是：西装革履的凯文·霍根等待的时间比穿牛仔裤和T恤的朋友足足少了1/3；当穿着西装的凯文·霍根要求欣赏店中最贵的钻石时，店员拿出的钻石价值比拿给穿牛仔服的朋友的价值高出整整5倍。

很明显，在正常人的审美观念中，西装革履、名表与得体的谈吐对个人魅力是加分的，相反，牛仔服、T恤和吊儿郎当对个人魅力是减分的。从店员们的不同态度可以看出，个人魅力较高的人获得的优待明显高于个人魅力低的人。

也就是说，个人魅力与说服对方的成功率在一定范围内是成正比的，个人魅力越大，说服对方的概率越高。心理学中的光环效应也可以很好地解释这一点，即个人魅力成了这个人的一种光环，决定了他在更多人面前可以获得"这是一个魅力四射的人"的评价。

相信阅读本书的读者，肯定是希望培养自己的个人魅力的。下面，我们就从以下几点来详细讲解如何培养个人魅力。

1. 注重自己的仪表

相信读者都知道，在心理学中有一个第一印象效应，即初次见面时给对方留下的印象是最为深刻、最难以改变的。面对陌生人，你无法在短时间内向他展示你的全部优点，因此，你只能通过自己的外表向对方传达一种"我很优秀"的信息。同时，注重自己的仪表，也是尊重他人的表现。

2. 增加自己的内涵

"腹有诗书气自华"是亘古不变的道理，一个人只有积累了丰富的学识才能由内而外散发出富有底蕴的内涵。否则，在光鲜亮丽的外表下，只有一个空虚肤浅甚至粗俗的内在。为什么林徽因可以被评为"民国四大美女"？就是因为林徽因除了拥有美貌之外，还有深厚的文化艺术修养，这为她的个人魅力加分不少。

3. 学会使用恰当的肢体语言

当一个人与你交谈时，如果他一动不动，相信你会觉得这个人比较古怪；如果他不停地指手画脚，相信也会引起你的反感。恰到好处的肢体语言，会使谈话更加愉悦。曾经有人做过这样的调查，在与一个肢体语言恰到好处的人交谈时，人们会觉得谈话时间比实际上的至少要短30%。

4. 学会随机应变

无论在何种场合，受到大多数人喜欢的，永远都是那种知道在什么情况下做什么最合适的人。这种人的存在，会带给周围的人很舒服、很自然的感觉，周围的人会很乐意与他相处，自然他的个人魅力也就得到了别人的认同。

如果你富有人格魅力，那么你会发现在职场及生活中，你说服别人的成功率已在不知不觉中得到了极大的提高。

打造自身的气场，让自己看起来无所不能

在当今这个时代，酒香也怕巷子深。再优秀的人也需要有人来帮衬，再好的产品也需要好的推广。特别是在竞争激烈、信息发达的今天，对于一个急需开拓市场的人来说，就更需要营造自身的强大气场，为自己造势，来提高企业的知名度，这是最快捷、最有效的方式。

说服美国总统帮你卖书、卖衣服、卖自行车、卖汽水等，这听起来简直是天方夜谭，但并不是没有可能。只要你策划得法，美国总统也会成为影响你产品走势的重要砝码。

在美国，有一位出版商手里积压了一大批滞销的图书，久久不能出手，所以他很着急。经过一番苦思冥想，这位出版商终于想出了一条妙

计：给总统送去一本书，并三番五次地征求他的意见。

日理万机的总统实在没有时间阅读这本书，迫于出版商的纠缠，便随便回了一句："这本书不错。"这就是出版商要的结果。他马上展开宣传："总统称赞过这本书。"毫无疑问，这本书很快就被一抢而空。

不久，这个出版商又有书卖不出去了，就故技重施，又给总统送了一本。总统很生气这个出版商上次借自己的名望做宣传，于是就奚落道："这本书糟透了！"出乎总统意料的是，出版商没有生气，反倒很高兴，出版商马上打出宣传语："这本书让总统讨厌。"这次，书又脱销了。

第三次，总统又收到了这位出版商寄来的滞销书。吸取前两次教训的总统心想："这一回，我什么都不做，看你怎么宣传？"于是，总统真的没有做任何回复。谁曾料到，出版商还是借题发挥："现有总统难下定论的书，欲购从速！"结果可想而知，书再一次脱销了。

因此，出版商借助总统的名望赚了好几笔钱。

如今，很多人想要提高自己的社会知名度，借助名人的威望不失为一条捷径。因为名人常常能在社会上起到一呼百应的作用。所以，如果你身为领导，一定要利用好名人威望来提升自己的影响力和说服力。即便你和那些名人素未谋面，只要你策划得当，名人效应就能让你的产品得到很好的宣传，且更具有说服力。

要想让别人知道你的产品很好，你还可以利用轰动效应。这会给人们的心理带来强烈的影响和震撼，但需要经营者采取的方式要新，所谓出奇才能制胜。当然，一定要善于造势，尽可能地把场面做大。这样做不仅可以赢得顾客，还可以获得良好的声誉。

1985年5月的一天，很多人聚集在香港某闹市区的一个广场上，大家都向天空仰望着，不知道在看什么。原来，几天前，西铁城公司在几家知名报刊上做广告说，为了答谢广大顾客的厚爱，要在一个特定的时间内空投手表。而且允诺，空投的手表质量绝对值得信赖，要是发现捡到的手表在空投时摔坏了，顾客可以凭此表到西铁城公司指定的地点换取高于此表价格10倍的现金。谁愿意错过这次机会啊？况且万一捡到了坏手表，还可以去领取价值高于手表10倍的现金。

于是，大家那天纷纷聚集在西铁城公司指定的投放地点，希望接到西铁城公司空投的手表。人群中，不知是谁高喊一声："来了，来了，直升机在那儿！"只见一架标有"西铁城公司"字样的直升机盘旋在广场上空。两幅巨大标语伴随着"唰唰"的巨响从舱门滚落出来。一幅是："想要无烦恼，请用西铁城手表。"另一幅是："观产品好坏，请看百米高空赠表。"

广场上的人都高声叫好，接着就见一块块闪闪发光的西铁城手表从天而降。大家便形成了"抢表"大军。

结果，坏表持有者寥寥无几。香港市民被第二天公布的坏表率只有万分之八的数字惊呆了，无不交口称赞该产品的质量。甚至连该产品中最普通的款式，也被人们吹捧成了是香港市面上最好的手表。依靠此举，西铁城公司取得了轰动性的效应，很快就在香港和内地市场占据了相当大的份额。

西铁城公司这一举动之所以能取得如此大的轰动效应，首先是因为他们具有创造性，调动直升机做广告，消费者以前很少见这种形式。其次是商品赠送的方式也比较新奇，采用高空赠表，一般公司采用的方式都是购买一定的商品才赠送。还有一点，也是最重要的，就是坏表可以换取高于价格10倍的现金，这一点抓住了人们的心理。人们认为从那么高的地方投放下来，手表很可能会摔坏。如果拿到的是摔坏的赠品，那就没什么意义了，而这一点也正是西铁城公司的用意所在，他们就是向消费者表明自己公司的手表有相当可靠的质量。

可见，要想让别人知道自己公司的产品好，就要利用一种方式来很好地吸引住人们的眼球，进而打动人们的心。造势的秘诀是什么？利用机会创造出强大的气势，从而形成最大的影响力，这就是造势的诀窍。但是，造势也要讲究尺度和诚信，造势太过，将适得其反。

你要相信自己有说服所有人的本领

如果你希望在某件事上说服某人，那么首先就要在这件事上说服自己。也就是说，你必须坚定不移，才能有成功说服别人的可能；如果你自己是摇摆不定的，最后不一定会说服对方，反而有可能让对方把自己说服。比如，销售人员要想将自己的产品成功推销出去，自己首先也要相信产品的性能是良好的，是值得人们花钱来购买的，这样才能在推销的时候底气十足；演员要想将戏演得逼真，就要身临其境，相信剧情真的发生在自己身上，那么表演的时候才能够将观众带入逼真的情境。简单地说，就是我们若想让对方认可某件事情，那么首先要让自己彻底地认可这件事情，无论对方如何质疑，自己都不能动摇。这就是所谓说服别人时的"刀子心"。

"刀子心"是否要通过"刀子嘴"来表达呢？不一定，或者说这不是

最好的说服别人的方式。如果你想说服别人，那么你的信念应该无比坚定，这是毋庸置疑的。如果你的口气非常严苛，容不得对方喘一口气，或者不给对方一点儿回旋的余地，那么即使你真的说服了对方，也是强迫来的。俗话说"强扭的瓜不甜"，对方即使嘴上承认被你说服，内心也不一定会真的信服。这样实际上也没有达到真实的说服效果，反而会让对方对你产生畏惧、厌恶心理。

　　林夏参加高考，取得了一个非常不错的成绩，全家人都特别高兴。但在选择专业这个问题上，林夏与妈妈产生了分歧。林夏想报对外经济与贸易专业，但妈妈想让女儿报工程管理专业。对于女儿的前途，林夏的妈妈可是没少费心思。这次，她四处托人打听什么专业最热门、什么专业将来好找工作。打探的结果，就是她单方面敲定了工程管理专业，一定要让林夏报这个专业不可。

　　母女俩为此争执了很久，林夏说："我最喜欢英语，希望将来的工作能在英语方面有所发展，所以，对外经济与贸易专业最适合我。而您说的工程管理专业，将来参加工作可能要天天待在工地，那不是我想要的。"林夏的妈妈立刻回答："做建筑管理的女孩多的是，我觉得挺好的。你那个对外贸易，将来的工作是不是经常到各地出差？这岂不是更不好？不行，我坚决不同意。你必须要报我说的这个专业，其他的一律不许报。"妈妈的口气如此强硬，林夏没有办法，一气之下摔门而去。过了几天，林夏从学校回来，告诉妈妈，自己已经填报了对外经济与贸易专业，不能再更改了。

　　林夏的妈妈说服别人的方式就是典型的"刀子心、刀子嘴"，她并没有从专业优势角度对女儿晓之以理，而是直接就否决了女儿的想法，企图将自己的意志强加给女儿。这样的说服效果当然不会好。反过来，假如她能换一个说服方式，首先用商量的语气告诉女儿两个专业各自的优势，以及自己希望她选择工程管理的理由，接着再表达自己的意见"仅供参考"，最终还是由女儿自己做主，那么相信林夏就会平心静气地思考两个专业孰优孰劣，最终也许会选择妈妈为她挑选的专业。这样"刀子心、豆腐嘴"的说服方式，不但能够取得更好的说服效果，还不会伤害母女间的感情。

由此可见，无论你身为一家之主想要说服孩子，还是作为领导想要说服下属，无论你改变对方的意志多么坚决，你所采用的方式都应该是"心里硬、嘴上软"。这样的说服效果，往往要远远胜过将自己的意志强加于人的做法。

说服对方的关键点，就是让他一直说"是"

当你跟他人讨论的时候，不要一开始就谈论你们有分歧的事，而要先谈论你们意见一致的事。你不妨告诉对方，你们的目标是一致的，只是方法不同而已。

如果可能的话，我们要使对方在一开始的时候就说"是"，尽量防止对方说"不"。《影响人类的行为》一书说："谈话的时候，千万不要给对方机会说'不'字。一个'不'造成的障碍将阻挡你们的讨论，导致你们的讨论无法继续下去。"因为当一个人说出"不"字后，为了他自己的人格尊严，他不得不坚持到底。虽然事后他或许会觉得自己说"不"是错误的，可

是他会继续说"不"，这不是为了真理，而是为了尊严。所以，我们在与人
打交道的时候，要想办法让对方一开始就做出肯定的表示。否则，你会追悔
莫及。

大多数人都具有这样的心理状态，当说出"不"字后，潜意识里就会形
成一个拒绝的意念，潜意识的意念会导致自己对后续的谈话仍然说"不"。
反过来也是如此，当说出"是"字后，潜意识里就会形成一个肯定的、接受
的意念，对后续的谈话，反应也就是"是"了。

懂得说服技巧的人，开始的时候就能得到"是"的回答。这样，他就能
引导对方的心理，掌控整个谈话的局面，最终得到自己想要的结果。

艾里是一位发动机推销员，他负责的区域内有一家工厂是其潜在客
户。艾里连续3年向这家公司推销发动机，这家公司最终买了几台。艾
里很高兴，因为他觉得既然有了开始，以后就会继续交往下去。不过，
仅仅3个星期后他就出现了麻烦，这家公司来电话说不再买艾里的发动
机了。

艾里对自己推销的产品很了解，知道不会是发动机有故障。但是为
什么对方会不满意呢？他很快赶到了那家公司。

接待艾里的是那家公司的总工程师。总工程师说："你们的发动机
太热了，我把手放在上面烫死了。"

艾里愣了一下，这算什么问题呢？发动机很烫是很正常的啊，更
何况是在工厂里面，工厂的室温本来就很高。可是该怎么处理呢？如果
直接和对方争论，那肯定毫无益处。于是，艾里恰当地采用了让对方说
"是"的技巧。

艾里说："的确，如果发动机实在太热，我也建议你不要再用了。
不过，你这里应该有一种发动机，它的温度符合国家标准。对吧？"

总工程师完全同意，艾里得到了第一个"是"。

艾里又说："国家标准的规定中，发动机的温度可以高出室温22摄氏度，对吧？"

总工程师回答："是的。不过你们的发动机温度可是远远高于这个标准。"

艾里没有和他争辩发动机的温度，而是继续问道："你们工厂的室温是多少？"

总工程师想了想，说："大概是32摄氏度。"

艾里说："对啊。工厂的室温是32摄氏度，发动机可以高出室温22摄氏度，也就是说，你的手摸到的是55摄氏度的高温。如果你把手放在这么高温度的东西上面，会不会感觉很烫呢？"

总工程师想了想，说："是的。55摄氏度，肯定很烫。"

艾里说："那我建议你不要把手放在发动机上，好吗？"

总工程师承认："你说得挺有道理的。"

几个月后，那家公司又从艾里那里买了一些发动机。

由此我们可以看出，设计一连串让对方点头称是的问题是非常关键的。也就是说，我们可以通过提出引起对方兴趣和注意的问题，在说服中主导谈话的方向，从而左右说服的结果。

艾迪喜欢狩猎，不过之前他从不买弓箭等设备，都是用租赁的方式。一天，他又打电话到之前经常租赁弓箭的商店。店员告诉他，店里不再提供租赁服务了，需要的话只能购买。

艾迪只好打电话到别的店里询问。有一家接电话的是一位男士。

其实现在所有的店都不再租赁弓箭，都改为出售了。但这位男士并

没有直接说，而是问：“请问你以前都是租赁弓箭吗？”

艾迪回答：“是。”

男士接着问：“请问你以前租用全套设备一次得花费25至30美元吧？”

艾迪回忆了一下说：“是的，基本上就是这个价格。”

男士又问：“请问你平常是不是很节约？”

艾迪回答：“当然是，那还用说。”

男士告诉艾迪：“先生，现在基本上所有的商店都不再出租，而改为出售的方式了。我们店里正好有一套特价弓箭，包括所有的配件总共只需要32美元。建议你购买一套，这样你就不用每次都花30美元去租了，这样更划算一些。”

艾迪略一思索就答应了，放下电话就前往那家店。艾迪不但买了一套近百美元的弓箭，还购买了很多其他配件。同时，艾迪还成了该店的忠实客户。

说“是”也会上瘾？正如哈里·欧弗斯屈特所论证的那样，我们让一个人开始就做出肯定的回答，接下来他也会倾向于做出肯定的回答。这也可以说是语言的惯性。不过需要注意的是，说“不”也是会上瘾的。我们要得到对方的“是”，就要让对方习惯说“是”，这就是成功的秘诀。

那么，如何做到让他人不断对你点头称是呢？

1. 通过点出对方可以获利之处，让他人自愿认同你

凡是人们做出肯定答复的时候，都是因为看到了自己的利益。为什么有些人能够很快与他人达成合作？就是因为他们的言行总是能够从对方的需求出发。事实上，当人们自愿说出“是”的时候，人们只是认为这件事符合自己的利益而已。在这种情况下，千方百计地解释自己的观点和看法，对于说

服对方而言是无济于事的。所以说，能够恰如其分地为对方点出他可以获利之处，才是明智之举。

2. 重复他人说过的话，让他人感觉到你与他步调一致

有人认为重复他人的话会埋没自己的个性，丝毫不利于说服活动的进行。其实不然，这样做一方面可以让对方体会到你与他步调一致，从而对你产生好感；另一方面也是为自己在进行恰当的反击之前赢得思考的时间。

3. 设计诱导性提问

通过诱导性的提问可以打开对方的思路，并引导对方接受自己的观点。像前文中的艾里那样，设计一系列合乎逻辑的问题，逐步引导工程师走出思维的误区，最终认同自己的观点。

对于说服者来说也是如此，从一开始就让对方说"是"，而不说"不"，让对方不断地肯定你的意见，对方就会逐渐地认同你的思维模式。如此一来，你就有了极大的胜算。

主动出击，在气势上压倒对方

俗话说"良好的开端是成功的一半"，这句话不仅在做事当中成立，在说服他人的时候也同样适用。

我们仔细分析一下就会发现，说服别人的困难有很大一部分来源于对方各种各样的道理和借口。

无论这些道理和借口能否成为有力的论据，都会或多或少阻碍我们说服

别人的过程。与其让对方百般找借口拒绝接受我们的想法，不如从谈话一开始就先声夺人，断绝对方反对或者找借口的机会。

这种先下"口"为强的做法，有时能够很快结束我们的说服过程，让我们顺利地达到自己的目的。

张总在北京的传媒公司越做越大，便开始计划着在自己的家乡大连开一个分公司。可是要谁负责新公司的管理呢？要知道，大连和北京虽然不是天南海北，但要建立新公司的话，新经理是要长期驻扎在那里的。而现在公司里的人，谁能丢下自己在北京的生活圈子到一个人生地不熟的地方去给公司做管理呢？为了物色合适的人选，张总绞尽了脑汁。

这天，张总把主管王伟叫到了办公室，对他说道："小王，你跟我这么多年，表现一直很出色，对我也一直很忠心，你这样的下属很是难得啊！所以我现在有什么困难，都必须交给你来做才放心。"

王伟还不知道张总要开分公司的事情，自然也没有想到自己将要被赋予这个"苦差事"，便回答："张总，您说这话就太客气了。我还要感谢这些年您对我的提拔呢！"

张总立刻说道："嗨，跟你的努力比起来，这些奖励太微不足道啦。所以我想了又想，打算提升你做我们新公司的经理。"

王伟面露喜色："真的吗？恭喜您，我还不知道您要开分公司了呢！您对我这么看重，我一定好好努力，把您的新公司管理好！"

听到王伟这样说，张总笑了笑，缓缓说道："小王，这在你的事业上也算是一个大的提升，我衷心地祝贺你！不过，我想告诉你，要在事业上有大的收获，一些必要的东西就要懂得割舍。咱们的新公司不在北京，开在我的家乡大连……"

王伟一听张总的话风不对，刚要开口发表意见，张总摆手制止了他，继续说道："我知道让你离开北京牺牲很大，离开妻子和孩子更是有些残忍的。我是这样考虑的，除了经理应得的工资之外，我再另外给你一年的工资作为安置费，你可以先在那边租一套不错的房子，将妻子和孩子都接过去。另外，大连是我的家乡，我在那里也有一些朋友，我会让他们对你多加照顾。这样，其实你的损失也只是减少了和北京朋友的见面。小王你看，我已经为你想得这么周到，你可千万不要拒绝我啊！"

听到这里，王伟也不好再说出推辞的话。他回去考虑了两天之后，就决定接手大连的新公司。

先下"口"为强，在张总对这件事的处理当中体现得淋漓尽致。当然，能够如此顺利地说服王伟，除了张总为王伟考虑得很周到以及王伟的职位有所提升之外，跟张总是王伟的上级这个因素也是分不开的。

由此可见，这个先下"口"为强的招数，多多少少带着些强势的意味，更适用于权力高的人对权力较低的人使用。不过，这种"强"并不代表强迫，先下"口"为强，也需要在对方能够接受的基础上进行，不能让对方感觉到自己的利益过多受损，否则也是难以成功的。

说服别人不一定要像辩论赛那般，双方先说出自己的观点，然后再各自论证。如果我们比较有把握，可以直接开门见山，将自己的目的说出来，然后争取对方的认同。这样的方法在气势上是比较占优势的，也常常能够较快完成说服别人的过程。

震动他人的内心，使其行为跟着改变

生活中，我们的决定和行为常常受情感控制。然而，即便人们会掩饰情感，但总避免不了暴露出情感的蛛丝马迹。因此对说服者来说，通过洞悉他人的情感状态，可以了解他们的态度和想法；通过主导别人的情感，可以使人做出说服者所期待的决策。所以说，情感说服是影响别人的一大秘诀。

很多人认为随着时间的推移和人类社会的发展，情感在经济社会中的地位会越来越不重要。但事实上，如果我们看得更深刻一些，就一定会发现情感在我们的生活中始终占据着中心位置，是情感维系着我们同他人、同世界的关系。

正因为人们大多数的决定并非是在一种理性分析、逻辑推理和冷静思考的基础上做出的，而是在兴趣、情感、情绪等层面上做出的，因此，说服者应该从打动人的心灵方面入手，练就一种"煽情"的能力。优秀的销售人员、律师、商人、政治家和小说家都懂得，影响他人的捷径就是触及其内心深处的情感。

如果不懂得从情感的角度入手，不会和他人建立起情感层面上的联系，即便可以说服他人，也只能被人评说为"不通人情的人"，无法获得人们的尊敬和真心的服从。

最受欢迎和尊敬的作家之一——《一分钟推销员》的作者斯宾塞·约翰逊说："我卖东西给别人的目的，是帮助人们得到他们想要的那种对自己和自己所买物品的良好感觉。"由此可见，当心被打动时，想法就会改变。

历史上有很多谋略家都非常擅长利用感情去感动、迷惑他人，博取他人的同情和怜悯。下面让我们看看勾践是如何说服夫差释放自己的。

越王勾践被吴王夫差打败之后，忍辱负重，顺从吴王夫差的要求，离开自己的国土，带着送给吴王的金银财宝、越国美女和自己的王妃虞妲，在吴国做了阶下囚。勾践深知要复国报仇，就必须回到越国。但是要想回国，除了要让吴王消除戒心外，还要以对吴王的爱戴和卑微的面目，去博取吴王的同情和怜悯。而这一切光凭恳求是无济于事的，因此从头到尾，他都没有提出过回国的请求，但他的行为却让他达到了目的：首先他装可怜，博取同情；其次他忍辱负重，竟然通过尝吴王的粪便来为其诊断病情。吴王终被打动了，不久便送勾践回国了。

很多时候，进行直截了当的说服，效果可能并不理想，能够感动人、激起他人怜悯之情的行动，才能取得更好的说服效果。

想要调动他人的情感因素，你还可以通过讲述一个绘声绘色的故事来打动他。故事可以是温情的、浪漫的，也可以是可怜的、无奈的，甚至可以是让人激愤的、憎恶的，但要注意故事内容不能偏离你的说服目的，而且要与对方的境况和经历相关，以便使对方产生共鸣。

在使用情感说服时，可以参照以下的说服策略。

1. 注意体会对方感受

在说服他人的过程中，当你不只考虑自己的观点，而是去注意对方感受的时候，你看问题的敏锐度就会加强。当对方的目光转移、脸色改变或者身体姿态发生了变化，就表示对方对你的话有了反应。这时，对方所产生的高兴、激动、同情、愤怒、悲伤等情感，对说服者来说都十分重要。

如果对方表现的态度对说服有利，那就应该乘机继续表达你的看法，

强化对方的内心感受；如果对方开始表现出抵触情绪，那就需要改变谈话方向，先保证对方恢复到轻松状态。

当你无法判断对方的反应时，那么建议在加深说服之前直接询问对方："你觉得我刚才说得怎么样？"再根据对方的回答，及时对话语做出调整。

2. 利用"情感回报"原理，向他人提供"免费午餐"

他人给予我们恩惠，我们都愿意予以报答，这是人之常情。如果你想要得到某人的帮助或支持，你不妨先寻找机会去帮助对方，不求回报地付出。每个人都不愿意欠下人情债。因此，当你付出到一定程度的时候，对方很可能就会主动问你："有什么需要帮忙的吗？"

3. 学会引导对方的情感，使之进入一个较好的情绪状态

当一个人的情感状态良好时，对事物负面的感知也会转换成正面的感知，这有利于用积极开放的视野来取代消极封闭的观点。不可否认，我们是"情感的奴隶"，我们的记忆、对世界的看法、行为和动作，会因情感而变得有选择性。因此对于说服者来说，引导对方进入积极的情感状态，说服将会变得毫不费力。

总之，说服是要深入人们的心底的。否则尽管言辞清晰、八面玲珑，得到的可能只是人们的反感。面对打动人心的说服者，人们会感到更安全，感觉说服者更有魅力、更强大，这正是心理说服的真谛所在。

好的自我介绍，展示出你的魅力和气场

自我介绍是每一个处在交际中的人必须要经历的事情。有时，可能会需要频繁地做自我介绍，而有时用的次数却不多。

日常交际中，自我介绍是与陌生人建立关系、展开交往的一种非常重要的手段。做好自我介绍很重要，自我介绍一定要经过精心设计才好。自我介绍的好坏，直接影响你留给对方的第一印象的好坏，决定以后是否能继续交往。自我介绍在交际中起着敲门砖的作用。

张洁和杨妮都是刚毕业的大学生，同时应聘一家外资公司的董事长助理的职位。她们学的都是英语专业，学习成绩都很优秀。

人事经理看了简历以后，觉得她俩的实力难分伯仲，很是纠结，不知道如何取舍。最终，人事部经理想通过面试做出决定。

在面试前，张洁很自信地认为以自己的能力和相貌，一定能赢得这个职位，所以没有做什么准备。她认为，面试无非就是把个人简历再简略复述一遍。

而一向谦虚谨慎的杨妮对将要来临的面试进行了一定的分析，她认为要在简短的时间内，把自己的能力展现出来是最重要的。于是她对自我介绍所需要用的语言进行了一番精心的设计和安排。

几天后，公司通知两个人面试，考官让她们分别做一个自我介绍。

张洁说："我今年24岁，是山东人。刚从某大学毕业，所学专业是

英语。父母均是大学的教授。我爱好音乐和旅游。我性格开朗，做事一丝不苟。很希望到贵公司工作。"

杨妮介绍说："关于我的情况简历上都介绍得比较详细。在这里我强调两点：我的英语口语不错，曾利用业余时间在涉外酒店做过专职翻译；再者，我的文笔较好，曾在报刊上发表过许多篇文章。如果允许的话，我可以拿给您看。"

最后，人事经理录用了杨妮。

当到新的单位去应聘时，求职者往往最先被要求的就是"请先做一下自我介绍"。这个问题看似简单，但求职者一定要谨慎对待，精心准备，它是你最简单、最直接地描述自己的特点、展示自我综合水平的好时机。回答得好，会留给对方一个好的印象。

自我介绍是否成功直接关系到下一步的交往，会让对方在思想中先入为主地为你定位。自我介绍留给对方的印象很关键。尤其在面试中，短短的几分钟，就必须用精练而富有特点的自我介绍获得对方的认可。

当你在加入新团队、认识新朋友、接见新客户时，不免要进行一次自我介绍，让对方认识你，打开你与对方交流与沟通的通道。最简单的自我介绍无非就是向对方介绍自己的名字，但这并不足以打动对方使其与你交往。

一般人做自我介绍，平铺直叙，直白空洞，没有特点。这样的结果是介绍完了自己，对方却一个字也没记住。不要抱怨别人记性不好，实际上，是自我介绍的内容不够吸引人，没有新意，或者给人的感觉是轻描淡写，不够真诚。

一段简短而精准的自我介绍，其实是为了展开你与对方更深入的交流与沟通而设的。所以在交际时，如何向陌生人做自我介绍，自我介绍的内容和方式是让对方认识并认可你的最重要的因素。

自我介绍是交际中相互认识的开端，也是求职面试的第一个并且是相当重要的环节。它是敲门砖，这块砖要是运用得好，可以打开与他人交往的门，使你获得良好关系的开端，更重要的是可以使你在交友、择业、商业合作等诸多的交际中畅通无阻。如果这块砖运用得不好，那么一切的才能都无法向他人展示。

在交际中，把握住自我介绍的时间很关键。如果你的自我介绍时间过长，会使对方失去耐心甚至产生反感。一般正确的自我介绍时间为3分钟左右，有时候仅需1分钟就足够了。因为有的人很珍惜自己的时间，只给你1分钟的时间做自我介绍。

研究生毕业的杨锐很健谈，有极佳的口才。对自我介绍，他认为完全是小菜一碟。所以他从来不做准备，通常是见什么人说什么话。

有一次，杨锐跟一家大型房地产公司的总裁去洽谈业务。在去之前，杨锐没有做任何准备。他觉得凭自己的口才和实力，做个自我介绍，洽谈个业务，是绝对没问题的。

见到房地产公司的总裁后，杨锐就开始东一句西一句地做自我介绍，一边做自我介绍，一边大谈特谈自己对未来房地产走向的看法。他说完这一方面，又扯那一方面。虽然说得天花乱坠，却一点儿也没有谈到关键的地方。

总裁为了表示尊重，很耐心地听完他严重跑题的自我介绍。最后，总裁微笑着说："这位先生，请把您的名片拿走吧。我还有别的事。"最终，杨锐失败的自我介绍，使他没有谈成这笔业务。

进行自我介绍一定要力求简洁明了，尽可能充分地利用时间，也要选择在适当的时间进行。最好选择在对方有兴致、有时间、情绪好时做自我

介绍。

自我介绍一定要紧扣主题，可以根据不同的交际场景做出侧重点的调整，但切记不要跑题。

做自我介绍时要有一个友好、亲切、自然的态度，在整体的形象上要大方自然，面带笑容，语气平和，语速平缓，语音清楚，充满自信。

做自我介绍时要敢于与对方对视，要显得大方得体，从容淡定。自我介绍的内容一定要符合你的真实情况，不能有虚假的信息。

自我介绍必须精心设计、认真准备，不要因为简短而轻视它。自我介绍就是你与对方语言交流的第一印象，它会直接影响后面关系的发展。因此，一定要认真对待，多加练习。最好征求家人或朋友的意见，然后写成文字稿，这是很有必要的。

自我介绍一定要口语化，尽量不要用文言文或书面语，要让人听起来容易理解。自我介绍一定要力求简洁、精准、简短。

自我介绍一定要有自己的特色和特别之处，要有新意，不要流于形式。要学会抓住自己的长处，清楚自己的优势与劣势，找到最恰当的定位，再进行语言的包装。好的自我介绍是对自己最完美的语言方面的"形象设计"。

第四章　良好的形象，

　　　使你的气场魅力非凡

形象是人的招牌，更是展示气场的门面

气场的强弱决定了一个人的影响力，而影响力也会反作用于气场，从而让气场发生某些变化。在通常情况下，影响力的塑造离不开我们个人的自身形象。那些注意自己的形象并保持良好形象的人，容易赢得别人的尊重，这样的人也往往容易得到人们的信任和帮助，于是在自己的人生旅途中不断找到能展现才华的机会，用自己的风采和魅力去影响他人。

良好的形象是美丽生活的代言人，是进入爱的神圣殿堂的敲门砖，是我们走向更高阶梯的扶手。每个人的形象都是向外界进行自我展示的窗口，是向别人做自我介绍的名片。别人对我们的印象很大一部分就来自我们的形象，他们对我们的印象还会影响他们对我们的态度和行为。因此，要想让自己的气场更强大，要想让自己的影响力更大，就要注意保持良好的形象。

一个成功者离不开两个方面的素质：一是内在的精神力量、气质修养，二是外在的衣着服饰、言谈举止。这两个方面的素质缺一不可。无论缺少哪个方面，给人的印象都是一个不完整的半圆。一个人没有内在精神力量，根本不可能成功。只有那种精力充沛、奋发向上、勤奋努力的人才会在事业上奋斗不息，才会成为一个成功者；一个成功者在外表上，也应该是一个利索、精干、洒脱、举止大方的人。尤其作为一名职场人士，如果衣着不整洁，就不会给人留下良好的印象。

五年前，阿强毕业于中国一所名校的经济系。那时，他是一个追求独特个性、充满了抱负和野心的年轻人。他崇拜比尔·盖茨和史蒂夫·乔布斯这两位奇才，喜欢他们穿衣打扮不拘一格的休闲风格，他相信人的真正的才能不在外表，而在大脑。对于那些为了寻求工作而努力装扮自己的人，他嗤之以鼻。他认为真正珍惜人才的现代化公司不会用外表来衡量一个人的潜力。如果一个公司在面试时以貌取人，那么这也不是他想要为之效力的公司。他不仅穿着牛仔裤、T恤，还穿上一双早已落伍的黑布鞋。他认为自己独特的抗拒潮流又充满叛逆性格的装束正反映了自己有独特创造性的思想和才能。

然而，他去外企一次次面试，却一次次地以失败告终。直到最后一次，他与同班同学先后去某外企面试。他的同学发型整齐，面容干净，西装革履，手中提了个只放了几页纸的皮公文包，看起来俨然是成功者的姿态，而他自己依然是那套"潇洒"的"盖茨服"，外加"个性宣言"的黑布鞋。在他进入面试的会议室时，看到有五六个人，全部是西服正装。他们看起来不但精明强干，而且气势压人。他那不修边幅的休闲装，显得如此与众不同，格格不入，巨大的压力和相形见绌的感觉使他恨不能找个地缝钻进去。他没有勇气再待下去，终于放弃了面试的机会。他说："我的自信和狂妄一时间全都消失了。我明白了一个道理，我还不是比尔·盖茨。"

对于一个现代职场人士来说，你要注意在衣着服饰上下些功夫。穿一套好的服装，会使你显得精神抖擞、信心百倍，同时还会给人留下一种干练的印象。相反，如果你自以为是，穿着一些自认为特立独行、彰显个性的服饰，不仅会给人留下不好的印象，而且对自己的事业也没有多大帮助，更会让你止步不前。

一个好的形象对于我们的人际关系也有很大的帮助，它能给我们营造和谐气氛，让我们在生活中左右逢源，从而为我们的成功助一臂之力。

　　中国清代的著名商人胡雪岩曾经有一次在生意上遇到了一个很大的危机——他在上海刚刚开业的商行遭到了当地商人的联合挤对，没有多久这种情况就波及了他的大本营杭州。当时，有一些大客户担心胡雪岩可能因过不了这道坎儿而垮台，于是打算不再和他进行生意往来。

　　有一天，胡雪岩从上海回到了杭州，那些人都悄悄地躲在暗处观看，他们想这时看到的胡雪岩肯定狼狈不堪、灰头土脸。结果事实却让他们很失望，他们看到的胡雪岩依然衣冠鲜亮、精神抖擞。

　　看到了这些，他们还是觉得没解开心中的结，又跟踪胡雪岩到他的商行。他们觉得这次困难一定够胡雪岩受的，所以胡雪岩肯定会暂停生意而进行整顿。没想到这次他们又失算了，胡雪岩不但没有关闭商行，而且亲自坐镇，甚至能悠然自得地喝茶。胡雪岩的这一系列举动让这些人感到很纳闷，在遭受这么大的打击之下竟然还能如此镇定自若，看来这人不简单。最终，胡雪岩以自己的气度征服了他们，他们不但恢复了对胡雪岩的信心，而且承诺要共同帮助胡雪岩渡过难关。

　　事实上，胡雪岩当时的处境的确很艰难，倘若不是凭着他那一如既往的良好形象，恐怕那些大客户的预言就成真了。从这里我们也可以明白：只要树立了自己的好形象，就能有效地提升自己的气场，让自己的影响力更大，于是能逐渐接近成功。

　　形象，并不是一个简单的穿衣和装扮外表的概念，而是一个综合了全面素质、外表与内在结合的一个外在的印象。站立、步行，虽然这些动作都很简单，但是，其重要性不言而喻。有些朋友虽然跳舞技术并不高超，但他们的举止十分优雅：站有站相，坐有坐相。话虽简单，但是想做到这样并不

容易。

　　形象的内容太广泛了，它包括你的穿着、言行、举止、修养、生活方式、知识层次、家庭出身、开什么车、和什么人交朋友……这些都在清楚地为你下着定义，无声而准确地讲述着你的故事——你是谁、你的社会地位高低、你如何生活、你发展前途如何，等等。形象的综合性和它包含的丰富内容为我们塑造成功的形象提供了很大的回旋空间。

　　形象是人的招牌，坏形象能毁掉我们一生，而好形象会让我们的气场迅速得到提升，从而产生强大的影响力。在当今社会日趋激烈的竞争中，人们都承受着巨大的生存压力。谁能给自己树立好形象，谁就能给自己的人生打造出金字招牌，在曲折的人生历程中走得更从容、更成功。

抬头挺胸，显出你非凡的气势

　　在军训的时候，教官总是要求学生们走路要昂首挺胸，站立要挺直背脊，因为这样才能体现出一个人的气质。其实，这也是一种气场的散发，这种由内向外的气场足以影响到在场的其他人。

　　我们在看国庆大阅兵的时候，对那些军人走路及站立的姿态印象最为深刻。当他们走过天安门的时候，观众有一种怎样的感觉呢？那就是一种强大的气势，相信在你的记忆中是印象最为深刻的，这也是气场给人的一种辐射。

　　从心理学的角度讲，一个有着充分自信的人站立时必然是背脊挺直、胸部挺起、双目平视的。而这种站立姿势也留给人们器宇轩昂、心情愉快的感觉。反之，倘若有人站立时弯腰曲背，则透露了他内心封闭、意志消沉的状态。如果一个人走路时昂首挺胸、大步向前，自然留给人意气风发的感觉；反之，一个人低着头、带着犹疑、拖着脚步走路，则给人意志消沉的感觉。

所以，一个人走路及站立的姿态是非常重要的，不同的姿态能够表现出不同的气场。如果一个人站在你面前表现出一副无所谓的样子，弓着背、眼睛斜视、走路左右晃动，你是不会主动去接触他的，因为你可能会怀疑这个人是小偷。如果是第一次见面，具有这样姿态的人是没有人喜欢的。有时，一个习惯上的细节也会影响到外在的气场。

一家做贸易的A公司和一家做出口的B公司进行商务谈判。A公司的规模比较小；B公司的规模比较大，是一家集团化的公司。在此之前，B公司认为和A公司合作有些纡尊降贵，不但降低了自己的身份，而且没有多少利润可赚，于是B公司的代表抱着谈谈看的心态去和A公司进行了谈判。

B公司的代表周飞按照惯例去机场迎接前来谈判的A公司代表王先生。

周飞来到机场之后，就站在出站口举着牌子等着王先生一行人的到来。

在人来人往的机场，首先映入周飞眼中的是一位中年人，他在人群中非常显眼，走路昂首挺胸，脚步表现出一种坚实与沉稳。中年人脸上带着平静的表情，他一边走一边仿佛在找寻什么人。周飞感觉到这肯定是一位大老板。

突然，这个中年人向周飞露出微笑的表情，并且向他走过来。这让周飞不知所措，难道这个人就是A公司的代表王先生吗？

中年人走到周飞面前，微笑着对他说："您好，您是周先生吧，我是A公司的代表。"

周飞恍然大悟，他看着对方站在自己面前，双脚略分，身躯笔直，脸上带着自信的微笑。这种气场很快就折服了周飞。

在接下来的谈判中，周飞也不敢再轻视A公司了，在一些问题的处理上很是恰当，彼此之间的谈判非常顺利，很快就签订了合同。

案例中的对方代表是一个很好的示范，即便是走路及站立这样的细节也会影响到一个人的气场。这一点，我们在与不同的人接触时就能够感觉得到。

由此可见，一个人的走姿和站姿会给他人留下深刻的印象，即便一句话不说，也能透露出一个人的内心。好的走姿和站姿能够展现出个人的精神状态，它所传达出来的是一种对人生的态度。同样，一个人的气场也能够从他的走路和站立的姿态中体现出来。

当你走进会议室准备开会或者演讲的时候，快步走的时候步伐一定要稳健有力；慢步走的时候不可以拖拖拉拉，像穿了拖鞋一样，而要像国庆阅兵的战士那样走出自己的气势。

那么，让我们来解读一下一个人的姿态与气场的关系：

挺胸抬头、双目平视的人一般非常有主见，有强烈的自信心，给人一种不卑不亢的感觉，通常气场非常强大。与之相反的是低头弯腰、惶恐不安的人。

两只手叉在腰间站立给人一种傲慢的感觉，不太容易接近，但同时表现出的也是一份自信心。

靠墙壁站立是一种很不自信的站立方式，给人的感觉是轻浮、随意，所以在正式场合不可以这样站立。

　　除了以上几种站立方式外，当然还有很多不同的站立方式，这要根据我们平时的场合而定。

　　也许我们在站立的时候会找寻最舒服的姿势，比如，身体斜靠在某个物体上面，或者是双腿交叉，等等。但你没有意识到，这样的站立姿势往往给人一种懒散的感觉。试想，当你在公众场合看到礼仪小姐也是如此站立的时候，你还会对她充满好感吗？

　　所以，站的时候同样要抬头、收腹、挺胸，眼睛要平视，给人一种不卑不亢的感觉。无论在哪种场合，都要保持这样的姿势。

　　走路就要昂首挺胸，这是我们小时候经常受到的教导。但是，很多人习惯了自己的走路姿势，比如弯腰驼背，眼睛盯着地面行走。殊不知，这样的走路姿势往往会给人一种没有自信的感觉。

　　对于一般人而言，走路的时候要抬头挺胸，不要低着头，就好比T型台上的模特，眼睛不要斜视。走路时不能太快，也不能太慢，要表现出一种稳重的态度，两手自然垂直并轻轻地前后摆动，这样会给人一种自然的感觉。

　　站立和走路的姿态是一个人气场最直接的体现，这是留给对方很重要的第一印象。是否能够体现出自己的气场，完全取决于你的姿态。所以，当我们能够控制自己的姿态的时候，就能够控制自己的气场。

眼睛是心灵的窗户，眼神是凝聚气场的光源

　　人们常说眼睛是心灵的窗口，那么眼神就是汇集气场的光源。对有气场

的人来说，眼睛的大小其实并不是重点，关键在于眼神。我们从那些商业巨子和当红艺人的身上可以看出，并非每个人都拥有天生就很美丽的眼睛，可是往往眼神的力量能弱化眼部的所有弱点。充满魅力的眼神能够凝聚强大的气场，让人魅力四射。

一般来说，眼神可以热情，可以温和，也可以忧郁，甚至冷漠，可是一定不能表现得不够坚定。倘若眼神躲躲闪闪、飘忽不定，那就是心虚和缺乏自信的表现，会让人觉得这个人缺乏凝聚力，甚至会给他人一种这个人很猥琐的感觉。

我们可以看看那些气场强大的明星，也许从他们的身上我们可以得到某些启发。他们在刚刚出道的时候，也不见得都有很强大的气场，当他们面对那些气势逼人的前辈和自己仅具雏形的事业时，肯定也曾经出现过一些不够自信、不够坚定的眼神，但是凭着自己的毅力，经过一番摸爬滚打和不断的磨炼，他们昔日的那些不够坚定的眼神已经一去不复返了，他们拥有了充满力量又并非咄咄逼人的自信眼神。

倘若我们想让自己的眼神变得更加坚定有力，那就要先从增强自信开始。其实，单单对着镜子练坚定的眼神并不是好方法，也并不一定能取得好的效果。关键是当我们在人群中发现有人比我们优秀时，我们能否让自己保持坚定自信。倘若我们的眼神不够坚定，那么我们的气场就难以感染别人。

那么该怎么达到理想的效果呢？这需要我们按照下面的方法去做：每天都给自己"打气"——在心里多默念几次"我是最棒的"。当我们遇到一些气场比我们强大的人时，不要大惊小怪。

当我们接触到那些比自己各方面都优秀的人时，要在心中默念"我同样非常不错，我们是一样的"，这时我们的眼神要继续坚定地看着对方，不能因为觉得自己不如别人，就将自己的眼神转移到其他地方。

眼神能凝聚气场，倘若一个人具有凝聚力很强的眼神，那么就算是衣着普通，也会因为他的眼神凝聚了全身气场而吸引到他人的目光。

眼神的凝聚力除了来自我们足够的自信之外，还在于我们看人的时候，是否能正视对方、大大方方地去看，不要让别人觉得我们畏畏缩缩。如果眼神不正，不但会给别人留下不好的印象和不舒服的感觉，同时也会迅速削弱我们的气场，让人觉得我们小气、不体面。

为此，我们应该避免以下三种眼神：第一种是低着头，眼睛翻着向上看，让别人觉得好像我们做错了事似的；第二种是歪着脑袋，斜眼看人，这就会让人觉得我们好像不服气，在盘算什么小伎俩似的；第三种是目光游移不定，躲躲闪闪，就好像自己做了什么见不得人的坏事似的。

这些细微的动作，乍看上去可能不是故意的，也可能没有什么恶意，但是完全可以让我们的个人形象大打折扣。通常，有这些问题的人自己不容易发觉，在别人的提醒下才可能会注意到。要改变这些问题，我们最好要多和他人进行接触和交流，只要消除了恐惧感和陌生感，就能让整个人变得大方起来。

我国著名京剧表演艺术家梅兰芳在刚开始学戏时，曾因眼睛近视、眼珠转动不太灵活而被老师斥为不是学戏的料。为此，他下决心练习自己的眼神。

于是，他便利用鸽子来练习自己的眼神。他养了许多鸽子，在每天清晨，他都把这些鸽子放出去，然后两眼紧随着这些在空中飞翔的鸽子，以此来锻炼自己的眼神。他还在一根长竹竿的顶部系上红布条，通过用力挥动长竿来引诱鸽子。通过这样的方法，经过了长期的苦练，渐渐地，梅兰芳的眼神终于变得敏感传神，在舞台上表现得富有灵气。

梅兰芳高超的技艺，离不开他眼神的丰富表现力。而这些，都是通过苦

练而得来的。练就了有魅力的眼神，就相当于给一颗普通的戒指镶上宝石一样，顿时会显得光彩照人。

有魅力的眼神能让我们的气场凝聚，当然这种眼神并不是天生的，而是通过后天不断训练得来的，是内外兼修的结果。我们通过让自己的内在修养得到提高，从而让自己的眼神更加深邃，更加坚定而又友善，充满期盼而又不乏智慧，这样我们的眼神就能"秒杀"众人，让他们感受到我们的气场。

懂幽默的人，永远有个好人缘

在日常交际中，幽默为人们之间互相沟通、化解矛盾和拓展人脉提供了很好的帮助，它是社交中的润滑剂。它能让人们在交往中减少摩擦，让人际关系更加和谐。他人的幽默常常会让我们感到轻松愉快，从而郁闷的情绪也会得到缓解。笑对生活，生活就会变得更好，这正是幽默给我们带来的强大气场。

幽默往往以使人愉悦的方式表达人的真诚、善良和大方，它就好比架设在人与人之间的桥梁，有效地拉近了人与人之间的距离，消除了人与人之间的隔阂。幽默的力量是不容小觑的，在现实生活中，有可能仅仅一句风趣的话，就可以令身边的人对自己刮目相看。当然，我们不能过分地夸大幽默的作用，但幽默最大的特点就是能够使人感到快乐。可以说，幽默是人类独有的特质，是智慧的体现，因为它可以化解许多人际关系中的冲突或尴尬，可以化怒气为释然，同时还会给身边的人带来许多快乐。那些富于幽默的人走到哪里都会受人欢迎，因此我们可以说，幽默可以缩短人与人之间的距离。

美国第16任总统亚伯拉罕·林肯进行过一场让人津津乐道的演讲。策划者在那场演讲中安排了一小段时间进行自由提问，由听众把问题写在纸条上递给林肯，由他念出来后再予以回答。当打开最后一张纸条时，林肯发现上面竟然只有两个字——傻瓜。

林肯愣了一下，还是微笑着将这两个字公之于众。台上台下人们顿时都议论纷纷，暗自揣测一向以亲民著称的林肯将怎么收场。只见林肯不紧不慢地接着说道："本人收到过许多匿名信，全部都只有正文没有署名；今天却恰恰相反，这一张纸条上只有署名，而缺少正文！"

面对如此的挑衅行为，林肯没有暴跳如雷，而是用一个小小的反讽将自己的机智和从容展现在人们面前。同时，他也借助这个幽默把快乐带给了自己的支持者。能带来欢乐的人当然更容易得到大家的喜爱和认同。由肯定林肯的演讲开始，人们慢慢肯定林肯的为人，进而被林肯特有的魅力所感染，这就是小小的幽默所产生的强大的影响力。

幽默是什么？幽默就是快乐，无比的快乐。幽默带给我们最多的就是快乐，生活中，只要我们稍微动动脑筋，可以说人生处处充满了幽默，处处充满了欢声笑语。幽默的力量不仅仅是化解困境，更关键的是在化解尴尬的同时能带给我们快乐。人生就好比一张白纸，我们可以乐观地在这张白纸上画出美丽的图画，也可以悲观地画出沉闷的色调，不过，只要我们心怀阳光，乐观积极，那我们就会用幽默来驱散内心的不快，把自己变成一个无比快乐的人。

一位年轻人骑着新买的摩托车在大街上闲逛，不料"咣当"一声，

那崭新的摩托车撞上了一辆小轿车，幸好人没事。小伙子一边查看那辆崭新的摩托车被撞后的残骸，一边对围观的人说："唉，我以前总说，有一天能有一辆摩托车就好了。现在我真有了一辆车，而且真的只有一天。"围观的人听了，都哈哈大笑起来。

在这个小故事中，对这位年轻人而言，自己的摩托车被撞已经是无法挽回的事情了，但天性乐观的他并没有把这件事放在心上，而是善用幽默的力量，这样既减少了自己的痛苦和内心的不愉快，同时还给围观的人带来了快乐。

幽默的特点是机智、自嘲、调侃、风趣，等等。幽默不仅能给我们带来快乐，同时还可以消除敌意，缓解摩擦，化解矛盾。可以说，在日常交际中，那些富有幽默感的人，通常会拥有好人缘，能尽快缩短人际交往的距离，从而赢得对方的好感和信赖，而那些缺乏幽默感的人，则会在一定程度上影响人际交往，而且会使自己在别人心目中的形象大打折扣。我们可以判定，具有幽默感有助于一个人的身心健康。在日常交往中，我们要善于主动交际，扩大交际面，与人为善，主动帮助他人，从而体验幽默的乐趣。

幽默不单单是一句话或一个故事，它更是一种生活态度，一种生活方式。幽默感越强的人，越能笑对生活，越能给自己带来强大的气场。我们可以通过幽默的方式，将自己的气场传递出去，感染我们周边的人。

认真倾听，会让你赢得更多的尊敬

有句话是这么说的："上帝在造人的时候，给人两只耳朵一张嘴，就是让人多倾听，少说话。"这句话说得很有哲理。我们为人处世，要学会聆听，认真听取别人的意见和观点。事实上，人们被聆听的需要比聆听别人的需要大很多。不错，那些全神贯注倾听的人的身上散发着知性而强大的气场，更能吸引别人的目光。

央视著名节目主持人白岩松曾经这样说过："每个生命都需要表白。"那么，与表白如影随形的便是听与说。因为每个生命都有诉说的欲望，尤其是现在的年轻人，大多以自我为中心，总想先让别人倾听自己，所以我们在与人交流的时候首先要学会仔细倾听，因为只有仔细倾听，对方才会觉得你重视他，也才会开心地给你说的机会。

在和别人交往的过程中，与人交谈时，必须知道谈话的双方都有倾诉和聆听的权利，两个人交谈是具有双向性的，换句话说，在交谈的过程中不仅要把自己的思想完整地表达给别人，更重要的是要让对方把自己的思想完整地表达给你。一个不善于倾听的人，不容易达到与别人和谐沟通的目的，甚至还会在职场或生活中失去一个又一个机会。

乔·吉拉德在刚开始做汽车推销员时，有一次，遇到一位名人来向他买车。他准备推荐一款最好的车给对方。名人很高兴，并掏出1万美元现金。正当乔·吉拉德为一笔生意即将成交而暗自得意的时候，对方却脸

色一沉，转身离去。乔·吉拉德百思不得其解，到了晚上11点，他忍不住打电话给那位名人，想要问清楚他为什么今天会突然变卦，看好了车却又不买。

名人在接到他深夜打来的电话时有些恼怒，乔·吉拉德满怀歉意地说："非常抱歉，我知道现在已经很晚了，但是我检讨了一下午，实在想不出我错在哪里，因此特地打电话向您讨教。"

名人的语气缓和了一些，问道："真的吗？"听到乔·吉拉德肯定的回答，名人沉默了一会儿说："很好！你在用心听我说话吗？"

"非常用心。"乔·吉拉德答道。

"可是今天上午你根本没注意听我对汽车的要求。我说到我的儿子吉米即将进入密歇根大学念医科专业，还提到他将来的抱负，我以他为荣，你却毫无反应。"

乔·吉拉德不记得对方曾经说过这些事，他不由得问了一句："什么时候？"

"签字以前。"

乔·吉拉德沉默了。当时他以为已经谈妥那笔生意了，根本无心听对方在说什么。

乔·吉拉德失败的原因是没有认真听顾客讲话，没有和顾客有很好的沟通和互动。顾客不但需要一辆新车，更重要的是，他需要听到他人对自己儿子的赞美。而吉拉德能专心听顾客讲话，便是能给予顾客的最大的赞美。很少人经得起别人专心听讲所给予的暗示性赞美。

有一位记者认为，许多人不能给人留下很好的印象是因为不注意听别人讲话："他们太关心自己要讲的下一句话，而不打开他的耳朵，人们喜欢善于倾听的人胜过善于说话的人。"认真地听别人讲话，也是在商业性会谈中能够取得成功的秘密所在。有学者认为："成功的商业性会谈并没有什么神秘的，专心地注意那个对你说话的人是很重要的。"

　　韩城在北京的一家大商场买了一套西装，结果这套西装的上衣褪色，弄脏了他的衬衣领子。他觉得万分恼怒，带着西装找到当初卖给他西装的那位店员。结果还没等他把事情的所有问题说出来，店员就毫不客气地打断了他的话："我们这种西装卖了无数套，你却是第一个抱怨的人。"还没等韩城开口，第二位店员以一种尖厉的声音插嘴说："这种价格的西装，刚开始都会掉点儿颜色。你有钱买高档西装啊，那就不会有这些问题了。"

　　韩城一听，火冒三丈，于是和两名店员开始了舌战。正当韩城气愤难平的时候，销售部经理来了，他从头到尾认真地听韩城把事情的经过叙述了一遍，没说一句话。等韩城停止说话的时候，销售经理很干脆地问韩城想要怎么样处理这套西装，他会照韩城的意思去做。

　　经过交流，销售经理提议让韩城再穿一个星期试试，如果一个星期过后还不满意，就给韩城换一套新的西装。韩城看到销售经理态度那么真诚，也不好再说什么，拿着西装走出了商场。而一个星期过后，也没有什么问题发生，于是，他也没有再去退换。

　　同样没有退换西装，却因为店员和销售经理的处理方法不一样，就有了不同的结局。店员的错误在于不肯听韩城把话说完，就用尖酸刻薄的话来伤害韩城；而销售经理能够耐心地把韩城的话听完，不费吹灰之力，就很圆满地解决了问题。可见，善于听比善于说更重要。在别人说的时候要认真听，这样，在你发表自己的意见的时候，别人才会给你机会让你说。

　　请记住，要让别人喜欢你，原则之一就是做一个善于倾听的人，多多

鼓励别人谈论他们自己。这样你就会给别人留下好的印象，成为受人欢迎的人。

真正有气场的人在和他人交谈的过程中，不论是扮演说话者还是倾听者的角色，他们都能把自己气场的强大感染力传递给周围的人，让人们产生耳目一新的感觉。而要想做一个真正有气场的人，我们就要在说话的时候做到有条不紊，在倾听的时候做到全神贯注。

让你的声音，成为你魅力的源泉

我们的气场，可以通过声音、外貌、行为方式和说话的内容等而得到放大和提升。我们要将信息传递给听众，那就离不开声音。我们能否和听众进行充分的交流，这完全取决于我们的口头表达能力和说话的技巧。人们的气场大小与说话的声音有着密切的关系。

我们的说话声音总是在发生着变化，其实它是随着我们自身的变化而变化的。它对我们如何感知自己、如何感知他人都有着深刻的影响。国外的一家权威调查机构通过问卷调查发现，有高达九成的人都认为，声音是一个人气场最重要的构成部分之一。一个人讲话时的声音能否有足够的吸引力，这和他受欢迎的程度有关，也和他社交上的成功有着密切的关系。其实，对于任何人而言，声音都可以真实地反映出他的教养和品行。

声音，因为它是气场的构成部分，所以在气场中发挥着很大的魔力。我们可以用自己的声音来争取听众的支持，让他们相信我们，或用声音赢得他们的尊敬、爱戴和信任。当然，我们也可以用自己的声音使听众精神振奋或昏昏欲睡，同时也可以吸引或疏远他们。优美动听的声音对增强我们自身的气场有很大的帮助。

我们可以想想，为什么我们容易信任那些优秀的新闻播音员呢？其实很简单，那就是因为他们的声调优美、悦耳，能给人以美的享受。因为他们的声音有很大的吸引力，所以听众便不会轻易转移注意力。那些仅有一副姣好面容的播音员并不一定能得到大家的喜欢。而那些能在激烈的竞争中生存下来的播音员，大多都有一副让人愉悦的、第一流的好嗓子。

当今社会，有很多有才华的年轻人都接受过高等教育，毕业于名牌大学，他们掌握了不同专业的知识，学习了自然科学、文学、艺术等多种科目，可就是没有学习怎么才能发出优美的声音。所以，我们从他们的声音中总能听出那些不和谐的音调。甚至有的感觉敏锐的人可能都无法和这些年轻人进行正常谈话。

所以，倘若我们的嗓音让别人听起来感到不舒服，这就可能会抹杀我们其他方面的优点，同时也会降低我们的气场吸引力。

我们应该让自己的声音成为气场的优势，而不要让它成为气场的敌人。不论我们原来的声音怎么样，其实都可以通过练习来进行改变，从而让它体现出我们的气场魅力。所以，我们要明白我们的听众所期待的是什么样的声音，当然是容易让人听懂同时还能让人愉悦的声音。

倘若我们的声音洋溢着纯洁、和谐、生气勃勃的气息，那么它就能强化我们的气场。倘若每一个音节、每一个字符和每一个句子都能被我们清晰圆润地表达出来，而且显得抑扬顿挫、高低有致，那么这样的节奏感是非常美妙的。所以，我们要注意训练自己的声音，从而让自己拥有巨大的气场，让更多的人喜欢我们，或者被我们所感染。

给对方台阶下，既是礼貌也是给自己留后路

　　人生不会永远一帆风顺，谁都有时运不济的时候，不论何时都要给自己留一条后路，凡事不能做绝。得意时，不要把别人逼到死角，要给对方台阶下。这样，不仅会获得对方的感激，也会让人看到你的修养，增强你的气场。这更是等于为自己留了一扇窗户。

　　俗话说："三十年河东，三十年河西。"如果当初给他人留了后路，那么落魄时对方也会对你伸出援手；如果之前太过盛气凌人，那么落魄时别人只会给你一脚，落井下石。

　　几年前，刘静大学毕业后，和她的同学王艳进了同一家服装公司。因为是好友，所以，两个人相处得很和睦。但后来，刘静就开始发牢骚，而发牢骚的主要原因是两个人开始暗地里较劲，都想早日被评为优秀员工，好升职加薪。

　　有一次，刘静整理的数据出了问题，领导在办公室里狠狠批评了她："你来公司这么久了，怎么都不用心啊？这么简单的事你也出错，真是让我太失望了。"

　　这时候，王艳正好也来交东西，看到这一幕不但不给刘静台阶下，还乘机添油加醋地讽刺："我们是同一天来公司的，算算日子也不短了。"王艳的讽刺之意非常明显，刘静听了心里很生气。

　　领导又批评了刘静几句，才让她出去重做。

"你刚才在办公室为什么添油加醋地说我？再怎么说我们也是校友啊！"刘静拦住王艳质问她。

"我哪有啊？"王艳还不承认。

"你还不承认！以后你别有事求到我！"刘静一时生气，开始发火。

"求你？哼，我才不会出错，咱们今天就一刀两断，以后走着瞧。"王艳把事做绝了，没有考虑这样做的后果。

三个月之后，刘静被评为优秀员工，成了组长，成了王艳的上级。毕竟两个人是同学，也是好友，刘静没有对王艳有什么刁难。但她后来和王艳再见面时，还是会觉得尴尬，而王艳因为当时说话带刺，再面对刘静时总是很不自在。王艳最后没办法，还是辞了职重新找工作去了。

俗话说："饭可以多吃，话不可以多说，事不可以做绝。"这是为人处世的重要原则，也是中庸之道的重要体现。不给别人带来压力，同时给自己留一条后路，何乐而不为呢？王艳最后只能辞职走人，就是因为当初事情做得太过，不懂得适可而止，丝毫不给自己和别人留余地，最后只能自食苦果了。

每个人的生活都会有起伏，甚至经历一种轮回，一时得意，也总会有失意时；一时猖狂，也总会有落魄时。如果不懂得给别人留余地，不懂得适可而止，甚至借机落井下石，那么之后必然会受到打击。说话做事适可而止、留有余地，才是保护自己的最好方法。

我们周围总有这样的人，年轻气盛，做事冲动，凭借一时之气，总喜欢把话说绝，把事做绝，最终把自己逼入窘境。把事做得太绝，就好比杯子里装满了水，继续加水之后只会溢出。

说话做事是需要智慧和胸怀的，有些事你再有把握，也不能万分肯定，

更不能把话说绝，丝毫不给人留质疑的余地。这么做不但会引起他人的反感，还可能给自己带来后患。

懂得时刻保持谨慎，懂得给自己留条后路，你的路将变得更平稳、更宽广。这就好比是在打仗的时候，给自己选择了有利的地理位置，可攻可守，这样我们就将永远立于不败之地。

相反，不懂适可而止就等于把自己逼进了死角。没有危险还好，一旦发生了意外，必然会退无可退，只能受伤。所以，聪明的人不管在什么时候，都会给自己、给别人留余地，既给了别人面子，又给自己留了后路，何乐而不为呢？

生活中说大话的人很常见，做事绝的人也有很多，这些人通常都不被人喜欢。如果你仔细观察，就会发现那些聪明人常常会为自己留余地。

要想给自己留后路，就必须从各方面严格要求自己，首先，要学会说话，话不说绝，适可而止。不论出于什么原因，都不要把对方逼入死角。

没能力做好的事，不要随口应承；有把握做好的，也要含蓄地说，留下空间。如果别人遭遇尴尬，或一时非常失意，我们不要嘲笑，拿出自己的宽容大度，为他人开一扇门，对方必将无比感激。

　　王琳大学毕业后，找了份很不错的工作，待遇丰厚，活儿也不累，还有大把的休息时间。

　　王琳有些虚荣，特别喜欢在别人面前显摆自己，炫耀自己有钱，彰显自己有追求、有品位。

　　每次见到朋友，她都会说："我的梦想就是环游世界，见识形形色色的人和事，那时，我就再也不是平庸的井底之蛙了。"

　　起初，大家都以为她说的是真的，都称赞她是浪漫主义者。

　　但是很久之后，她还是逢人就说自己要环游世界的梦想。渐渐地，

分

大家都开始反感。

有一次聚会，一个朋友忍不住嘲讽她："你不是说要去环游世界吗？那你去过多少国内的旅游景点呢？"

王琳尴尬地说："几乎都没去过。"大家忍不住嘲笑她。

另一位朋友赶紧出来打圆场说："没事，没事，计划往往赶不上变化，王琳的计划肯定会慢慢实现的。"

这位朋友的及时救场让王琳感激不已。从那之后，王琳时不时地送些礼物给这位朋友，在这位朋友需要帮助的时候，王琳总是及时伸出援手。

每个人都有陷入尴尬、遇到困难、需要帮助的时候，这时如果我们能为他人铺就一条出路，就等于给自己留了一条后路，以后也好办事。

在跟他人交往时，要懂得为别人考虑，得饶人处且饶人，不要把对方逼到无路可走。对他人仁慈一些，就是给自己留个机会。

还有，我们要端正自己的态度，不要拜高踩低，不要戴着有色眼镜看人。有些人比较势利，看着他人落魄就冷眼相待，甚至认为对落难者的投资是无用的。因此，面对请求能躲就躲，不愿意伸出援手。这么做是不对的，我们在关键时刻要帮助他人。谁都有机遇不好的时候，现在落魄不等于永远时运不济，之后说不定还大有作为。

再者，我们平时要有意识地多帮助时运不济的人，而他们有朝一日飞黄腾达，通常都会涌泉相报，这么做，也等于为自己留了后路。

做事留有余地是一种豁达睿智，是宰相肚里能撑船的表现，可以感动人心，得到别人的支持。要想在交际道路上走得更远，给自己留条后路是最好的方式，一旦发生不利的事，还会有回旋的余地，不至于孤立无援。

第五章　没有气场，

怎能活得像个女王

我就是我，独一无二的烟火

气场女王并不是都有西施般倾国倾城的美貌，但她们一定有追寻美丽的心，她们的本色就是独一无二的美丽。女人们都在高呼："长得漂亮不如活得漂亮。"活得漂亮，就是活出一种精神、一种品位、一份至情至性的精彩。良好的教养、丰富的阅历、优雅的举止、宽广的胸襟以及一颗博爱的心，一定可以让女人活得越来越漂亮。

要想活出自己独一无二的精彩人生，怎能做他人的"副本"？在这个百花争放的时代花园里，女人要坚守自己的个性，不盲从他人的美丽，从灵魂深处去认识自己，尽情地释放你的勇敢、你的美丽、你的沁人芬芳。你要坚信，你就是这个人生花园中的一朵奇葩，你有着独一无二的美丽，世界因为你的存在而分外美丽。

看一看杨二车娜姆吧，也许她在许多方面远远比不上那些一线女明星，但她照样活出了自己的美丽，并在人们的心中留下了深刻的"杨二车娜姆烙印"。一提到杨二车娜姆，人们都会对她啧啧称奇："她太有个性了！""她真不简单！"

　　杨二车娜姆唱歌之余笔耕不辍，《走出女儿国》《中国红遇见挪威蓝》《你也可以》《长得漂亮不如活得漂亮》等作品不仅打动了许多中国女人的心，还被译成多国文字。她这样评论自己："在常人眼里我长得不算漂亮，但自认活得漂亮；我的这张嘴虽然不够性感，但吃过世上的山珍海味，也吃过人间最多的辛苦；我的这双眼睛虽然不算漂亮，但看过了人间各种美景和各种辛酸世事！我的性格注定了我的命运只能这样，我喜欢在路上的感觉，我喜欢转换不同的角色，喜欢尝试各种事情，只要我想，我就要去做，没有什么东西可以拦住我！"

　　杨二车娜姆14岁那年，一支采风队发现了她和另外三个女孩，请她们到县里参加歌唱比赛。她的人生由此翻开新的篇章，她抱着唱歌的梦想，独自走进了城市，走进了上海音乐学院，走进了北京中央民族歌舞团，走进了美国东西海岸和世界各地。她这只"中国的夜莺"，用她不可思议的甜美嗓音，向世界宣告她独特的美丽。

　　"活出漂亮的自己"，正是这种想法让杨二车娜姆一直在发掘自己的特质，坚持自己率真的个性，成了一个从头到脚洋溢着魅力的女子。

　　很多女士想让自己和别人一样，进而去模仿别人。她们有着一种渴望能紧跟潮流的心态，甚至是想让自己浑身都充满明星一般的气质和魅力。很显然，这种模仿并不会给女士们带来任何成功的快感。相反地，更会让她们感到焦虑、痛苦，而种焦虑痛苦的心情又偏偏会和挫败感交织在一起，让人难以自拔。

　　女士模仿别人的初衷是对成功和快乐的渴望，但事实已经证明，这是一种很不明智的做法。当任何一位因为模仿别人而苦恼的女士需要寻求帮助时，大多数得到的答案都会是一句话："做你自己，那是最快乐的，也是最好的。"

有一次，卡耐基到一位朋友家做客，正好他的邻居爱迪丝太太也在。这位体型有些偏胖而且长得并不算漂亮的爱迪丝太太给卡耐基留下的第一印象是活泼、开朗、快乐。他们之间很快就消除了陌生人初次见面的那种陌生感，彼此都给对方留下了很好的印象。爱迪丝太太很健谈，尤其喜欢给人们讲述一些她年轻时候的事。让卡耐基大吃一惊的是，就在几年前，爱迪丝太太还每天都生活在不开心和忧虑之中。

爱迪丝太太告诉卡耐基，她以前是个很胆怯和敏感的小女孩。那个时候她就已经很胖了，而且两颊还很丰满，这样使她看起来更胖。她的母亲是个非常古板的农村妇女，在母亲看来，女人最愚蠢的表现就是穿漂亮的衣服。同时，爱迪丝的母亲还不赞成穿紧身衣，因为她认为衣服太合身的话很容易被撑破，还是肥大一点儿好。这位母亲不光自己这样打扮，而且还要求她的女儿爱迪丝也这样打扮。说实话，这让爱迪丝十分苦恼，但却又无可奈何。她不敢参加任何形式的聚会，也没有任何开心的事。那时，她把自己当成怪物，因为她和别人不一样。

后来，爱迪丝太太和阿尔雷德先生结婚了。为了能够融入这个新家庭，爱迪丝太太开始模仿身边的人，包括她的丈夫和婆婆，但这一切却总是不能让她如愿。她不是没有努力过，但每次尝试的结果都适得其反，甚至将她推向更糟的境地。渐渐地，爱迪丝太太变得越来越紧张，而且很容易发怒。她不愿意见任何朋友，也不想和任何人说话。她意识到，自己彻底地失败了。

整天提心吊胆的爱迪丝太太因为害怕有一天被丈夫发现事情的真相，非常努力地装出快乐的样子，甚至有时候装过了头。最后，爱迪丝太太实在不能忍受这种折磨了，她甚至想到用自杀来结束这种痛苦。

卡耐基对爱迪丝太太讲的故事非常感兴趣，追问道："爱迪丝太太，我现在更想知道您是怎么改变自己，变成现在这个样子的？"

爱迪丝太太笑了笑说："让自己改变？没有，根本没有。事实上，现在的我才是真正的我。我必须要感谢我的婆婆，是她的一句话让我有了今天的快乐。"原来，有一天，爱迪丝的婆婆与她谈论该如何教育子女时说："我觉得我是一个成功的母亲，因为我知道，不管发生什么事，我都要我的孩子们保持他们的自我本色。"天啊，婆婆的一句话就像一道光一样照亮了爱迪丝的心，她终于知道了自己不开心、不快乐的根源。从那天起，爱迪丝开始按照自己的意愿穿衣打扮，也开始按照自己的兴趣参加了一些团体。慢慢地，爱迪丝的朋友多了起来，她自己也变得越来越快乐。

爱迪丝太太精彩的演说给卡耐基留下了深刻的印象，为此卡耐基还鼓了掌，并称赞道："你是我见过的最具魅力的女性。"爱迪丝太太有些不好意思地说："其实没什么，这就是我。"

女士们，请你们一定要记住，做自己，在一个女人的一生中是一件很重要的事。如果你做不到，那么你永远都不可能获得真正的快乐，因为你早已被别人黑暗的影子所覆盖。

有一位医生曾说过："保持自我这个问题几乎和人类的历史一样久远，这是所有人的问题。"据统计，大多数精神、神经以及心理方面有问题的女性，其潜在病源往往都是不能很好地保持自我。

好莱坞著名导演山姆·伍德在一次访谈中说道："现在年轻女士太没有自我了，在好莱坞，青年女演员去模仿他人的现象是相当严重的。"伍德说："她们都想成为一个二流的拉娜·特勒斯，却并不想成为一个一流的自己。实际上，这种做法让观众不好受，也让那些姑娘们自己痛苦。"

伍德的话道出了现代社会女性的一个心理，无法认同自己。下面就有这样一个例子。

一名公交车驾驶员的女儿梦想成为一名歌星。但是，上帝并不怎么眷顾这个女孩，因为她长得很一般，而且嘴巴很大，还有龅牙。当她第一次来到新泽西的一家夜总会唱歌的时候，她为自己的龅牙感到羞耻，几次想要用上嘴唇遮住它。这个女孩希望通过这种遮掩来使自己显得更加漂亮，结果反倒把自己弄成了四不像。如果她照这样下去，失败是注定的。

这个女孩还是得到了上帝给予的一次机会，那天晚上有一位男士非常喜欢她的歌，但他也直言了这个女孩的缺点。男士说："我非常欣赏你的表演，但我知道你一直想要掩饰什么东西。我不妨直说，你一定认为你的牙非常难看。"女孩听到这儿的时候已经非常尴尬了，但那个人丝毫没有停下来的意思，而是继续说："龅牙怎么样？那不是犯罪的行为。你不应该去掩饰它，或者你根本就不应该去想它。你越是不在乎它，观众就越爱你。另外，这些让你认为是羞耻的龅牙说不定哪一天会变成你的财富。"

女孩在这位男士的建议下，真的不再去考虑她的龅牙。后来，这个

女孩终于成了家喻户晓的明星，她就是凯丝·达莱。

　　研究表明，其实我们每个人都有成为伟人的潜质。那么为什么我们都没有成为一代伟人呢？其实是因为我们在生活中不过只用了10%的心智能力，剩下那90%一直不为我们自己所知。这其中最主要的原因就是人们不能保持自我，没有正确地认识真实的自我，从而浪费了90%的潜能。

　　女士们，你们是否还在为不能100%复制别人而感到痛苦呢？其实这很简单，做自己是寻找快乐的最好的方法，也能缩短自己和成功之间的距离。

　　事实上，那些获得了傲人成绩的女性都是在自己的世界里简单地实践了做自己这一命题。很多的女士都会对纽约市最炙手可热的女播音明星玛丽·马克布莱德倍加崇拜。不过很少有人知道，在她第一次的电台主持经历中，也曾经试着去模仿她和很多人都非常喜欢的一位爱尔兰播音明星。可是很遗憾由于种种原因她的模仿失败了，因为她在全情投入模仿的同时也失去了真实的自己。

　　遭遇失败后的玛丽·马克布莱德进行了深刻的反思，她决定重新去找回真实的自己。她对着话筒告诉所有的听众，她是一名来自密苏里州的乡村姑娘，名叫玛丽·马克布莱德，愿意以她的淳朴、善良和真诚为大家送去快乐。结果怎样？她现在根本不需要去模仿任何人，相反，还会有很多人来模仿她。

　　希望各位女士在看到了这样的故事后都能够明白，相信自己是多么重要，相信自己是这个世界上独一无二、不可复制的，请为此而感到高兴。将自己一切的天赋和能力有效地应用起来，无论是何种艺术，归根结底都是一种自我价值的展现。那些你所唱过的歌、跳过的舞、画过的画等，一切都只能专属于你自己。你的遗传基因、你的经验、你的环境，等等，这一切都造就了一个有个性的你。总之，女士们，你们都应该好好保护自己的那座小花园，都应该为自己的生命画上最精彩的一笔。

每个女人都拥有自己独特的美，要善于挖掘这份独一无二的美丽，让它通过你的言谈举止、你的衣着打扮表现出来。浪漫的女人，就是要敢于做本色的自己，在生活的道路上一路高歌，活出漂亮的自我！

你的气场，决定了你是女王还是女仆

许多人认为，一个女人要想在别人的眼中永远魅力无限，让人百看不厌，首先就得有美丽的容颜。所以，大多数女人都在服饰、妆容上不惜血本，大下功夫。名牌服饰、鲜艳的唇膏、闪亮的眼影，都让你跃跃欲试，但这些真的100%适合你吗？立竿见影的整形手术虽能让人脱胎换骨，但也让人丢弃了原本的棱角和个性。许多女性一天天被动地为了美丽而美丽，却忽视了原本最真实的自我。殊不知，对一个女人而言，容貌的美丑只不过给人们留下暂时的印象，而美的仪态、真实独特的个性，不但能补救容貌上的缺陷，同时能够给别人留下一个不易磨灭的印象。它不是把你变成别人，变成大多数人，而是让你成为更加美丽的自己，更加有气场的女王。

女人的气场是有颜色的，不同的气场呈现出不同的颜色。有些女人的

气场火红、热烈，她们像火一样的热情总会感染身边的人，这样的女人如高贵、强势的女王；但总有一些女人的气场是消极的灰色，黯淡、毫无生气，从她们的身上看不到丝毫的热情，或对生命的热爱以及对幸福的渴望。她们总是唯唯诺诺，总是在沮丧，又或者总是在诅咒命运或者他人对她们的不公，这样的女人如同平庸、弱势的女仆。

为何有的女人如女王，有的女人如女仆？答案就在气场上。每个人都有气场，都有"无声胜有声"的精神名片。这张名片，向世界介绍了作为女王或者女仆的你。当别人接到你的名片后，就会根据对你的喜爱程度来决定要不要喜欢你、接受你，甚至追捧你。拥有火红气场的女人，总是能招来异性的喜爱和同性的欣赏；而没有人愿意触碰那些拥有灰色气场的女人，因为灰色气场是一种令人避之唯恐不及的气场，这样的气场会带来阴冷的、令人极度不适的感觉。

媛媛是一个有个性的女人，在周末快下班时，因为心里发闷，就打开电脑，无意中看到几幅上海外滩的图片，竟突发奇想，想再去外滩看看。其实，上海她早已去过很多次，最近一次是前年去的。可现在她就是想再去逛逛南京路，看看外滩的夜景。

于是，媛媛马上与好友联系，要好友陪着她一起去，并立马找旅行社帮忙代办好了来回机票及酒店。第二天一早，她们就赶赴广州白云机场。经过近两小时飞行，她俩平安抵达上海，撂下行李后，立刻就去逛街。她们逛了一天，几大商业区都逛了一遍，满足了购物欲，便打道回酒店。到了傍晚，她俩又沿着外滩，一边慢慢踱着步，一边尽情欣赏外滩夜景。

媛媛过去来上海，要么是旅游，要么是开会，可这次，她纯粹就是为了散散心。住了一晚，她睡了个懒觉，心情得到了放松，也不想去打扰这里的朋友。感觉没什么地方想去的了，于是媛媛马上改变行程，打电话给旅行社叫他们把晚7点回广州的机票改签为下午4点。

不远千里，坐飞机到上海，就为了在那儿住一晚，然后逛逛马路，看看外滩夜景，有的朋友觉得不可思议。她老公虽觉媛媛去得突然，但看到她兴致勃勃心情舒畅，也积极支持，并非常欣赏她这种想到就做的个性。媛媛觉得，只要自己快乐，有些事不妨随心所欲！看，她就是这么一个有个性的女人！

当代社会中能像媛媛这样保持自己独特个性的人真的是所剩无几，许多人都在竞相模仿着名人或伟人的一举一动，不假思索地追求时尚和流行的东西，希望以此来吸引众人的目光，结果在模仿中失去了人性中最美丽、最真实的一面。

其实，每个人都有自己的风格和特点，自然的东西才具有个性，才能与众不同，才具有强烈的吸引力。每一个人都是一个独立的存在，生来就和别人不一样，所以，你根本没有必要硬把自己纳入某种模式当中。

社会心理学的研究发现，人与人的交往其实比我们想象的要功利得多，人们总愿意跟能给自己带来益处的人待在一起。如果你能让和你在一起的人感觉情绪高涨，你就有了魅力。魅力，就是对他人的吸引力，就是让所有人都喜欢和你在一起，都愿意受你的影响，甚至都愿意听命于你的气场。

因此，真正的气场来自于独立的精神、积极的心态、乐观的情绪。气场的感染力是巨大的，你的气场不仅可以影响其他人，同时也会被其他人的气

场所感染。例如，在我们的生活中，总有这样的"开心果"，即便是在最落寞的时候，她也能让你破涕为笑；在我们的生活中也总有悲观厌世的人，会让你一天的好情绪荡然无存。

人们愿意和独立、乐观、快乐的人在一起，因为独立乐观的气场会"传染"。绝对没有一个人喜欢跟总是紧锁着眉头的人在一起，因为没有一个人喜欢自己的情绪被破坏。

身为女性，如果你只是为了吸引别人而忽视自身的一切，那么你就会在别人眼里丧失自己的风格，变得透明而没存在感。坚持做最真实的自己，保持属于你自己的个性，那是你心灵的至宝，也是你终身的财富，那样的你才会在别人眼里散发长久的魅力。个性是一个女人美丽的资本，如果一个女人失去了个性，即使她有沉鱼落雁之姿、闭月羞花之貌，也只能成为人们眼中的花瓶，就像一壶泡了很久的茶，让人觉得索然无味。

想知道自己是否有魅力，首先请问一问自己："我的气场是什么颜色？"无论如何，都不要让自己的气场变成灰色——除非你愿意做一个女仆。记住，做女王还是做女仆，不是由命运决定的，而是由你的气场决定的。拥有火红而热烈的气场，你也可以成为女王！

学会塑造自己，让自己变得独具魅力

有气场的女人都懂得一个道理——为自己而活，她们深知对生命的最大尊重就是以自己的本色活着。相信一句话，女人不要为任何人而活，更不要为任何人做出改变，包括你的爱人。你可以为某个人献出生命，但是一定不能为了迎合某个人而改变自己。

一个女人爱着一个男人的时候，男人的喜好会潜移默化地影响这个女人，女人会尝试着为男人改变自己，对着装习惯、发型、说话的音量等做出改变，都是为了迎合这个自己喜欢的男人。

其实，不需要为了你爱的人改变自己。如果那个人真的爱你，在你们相爱的时候你的优点就会被无限放大，他会对你的缺点忽略不计，甚至他会认为你的这些缺点正是你的可爱之处，正所谓"情人眼里出西施"。

她24岁的时候，和男人第一次约会。

她受邀参加男人的饭局，男人问她："你能喝什么酒？"

她说："啤酒吧，啤酒喝起来很痛快。"

她和男人推杯换盏，就像哥们儿一样。

看着她，男人傻傻地笑着。

她问男人："你认为我是个怎样的人啊？"

男人说："我喜欢的类型是那种温柔贤淑的。"

她二话不说，扬长而去。

她第二次和男人约会是在26岁那年。

男人说："去吃烧烤吧，怎样？"

她问男人："那你先回答我，你觉得我怎样？"

男人答道："我觉得吧，你就像我哥们儿一样。"

后来，她和这个男人真的就成了"好兄弟"。

当她30岁生日那天，她才惊觉时光飞逝，转眼她已经迈入了"奔四"的行列。女人就像花一样，一旦错过花期，即便依然艳丽，也耐不住寂寞。看着朋友们一个个都做了好妻子、好太太，她有些茫然失措了。

这一次，她决定妥协，改变自己，做一个淑女。

男人一边喝咖啡，一边看着她笑。

他说："你的性格率真自然，从不隐藏自己，是我最欣赏的。"

她想："这是损我呢，还是夸我呢？那是以前了，现在我和以前不一样了。"

她小心翼翼地回答着男人的每一个问题。她喝咖啡的速度不紧不慢的，甚至连抬头看男人的时候，都显得娇羞无比。整个晚上，她的表现和之前简直判若两人。

第二天，她在网上问他："你认为我是个怎样的人啊？"

他说："一直听朋友说你是个豪爽的人，有话直说。但见面后才发现你其实并不像他们说的那样。我这个人很简单，不喜欢女人藏得太深。"

这次，她输给了自己。

女人让自己适时做出改变是没有错的，这样会增加自己的魅力，但如果一味为了爱情去迎合他人而改变自己，注定得不到真正的爱。

生活在这个多元化的世界里，没必要为了别人而刻意地去改变自己，对女人而言，更是没必要为了男人的好恶而放弃自己原有的秉性。男人之所以被女人吸引，是因为这个女人与众不同。如果女人让自己变得都不像自己了，那这个女人还拥有什么呢？又能期待男人爱你什么呢？

杨倩是一个很有个性的女孩，眼神里有一股别的女孩儿没有的东西。她很独立，看不惯很多的人和事，甚至很骄傲。

杨倩一毕业就和自己心爱的男人结婚了。婚后，仿佛不需要任何训练，她总是下意识地把自己最好的那一面展现给自己的老公，温柔、善良、优雅。老公喜欢温柔可爱的女孩，她便从不向他表现自己有棱角的一面。他总是对她说："你真是个好老婆，温柔得像一只小猫。"这就是老公眼中的她，温顺、乖巧、依赖感十足。

过了一段时间，当爱的锁链开始松动时，真实的她慢慢浮出了水面。

杨倩有时候很尖锐，甚至有点刻薄。她满腹才华，却在结婚后一个字也写不出来。

她内心深处是渴望周游世界，自由自在。就这样，杨倩的本性终于爆发了。她不辞而别，一个人去了青海、西藏。一个月后，她风尘仆仆地回来了。老公对她的变化措手不及，觉得这根本不是自己之前娶的好

老婆，失望至极的他，和杨倩在离婚协议书上签了字。

杨倩一点儿都不后悔，因为那个男人根本不适合自己。虽然曾经爱过，但是那段迷失了自己、为他做出种种改变的日子真的很痛苦，她觉得要是一辈子都这样演戏的话会很难受。理智战胜了爱，最终她选择了为自己而活。

女人一定要保留自己与生俱来的一些个性，你可以变得漂亮、端庄、大气，但是千万不能失去自己。最重要的一点就是不能为别人而改变自己。当你变得不是自己的时候，你会感到活得很累、很苦、没有乐趣，甚至会讨厌那样的自己，一个人一旦被自己所讨厌，那么还会有人喜欢吗？

与相爱的人相处，需要的是相互宽容、相互理解、为爱妥协。记住这些都是相互的，不是单方面的，是两个人的事，不是"我"的事，是"我们"的事。

真正的爱情是两情相悦。如果他爱你，就会爱你的全部。即使你有不足的地方，在他眼里也是无关紧要的。真正爱你的他不会让你迎合他的喜好。所以女人只有活出自己的精彩，才会更加吸引爱他的人。

变成自己心中的女王

当一个女人想要改变世界的时候，必定会付出很多努力。如果仅把希望寄托在别人身上，难免会受限于人而止步不前。聪明的女人懂得，改变自己是改变世界的最好方式，她们会把自己当作中心，用心经营自己、改变自己，让自己以更意气风发的样子对世界产生影响，用自己独立强大的气场对外界进行冲击，无形中让世界做出改变。而在改变世界的过程中，她们的气场日益强大，她们也成了当之无愧的气场女王。

生活中，那些吃力地改变世界而毫无成效的女人们，是不懂得这个道理的。

在威斯敏斯特教堂的地下室里，英国圣公会主教的墓碑上刻着这样一段话：

当我年轻自由的时候，我的想象力没有任何局限，我梦想改变这个世界。

当我渐渐成熟明智的时候，我发现这个世界是不可能改变的，于是我将眼光放得短浅了一些，那就只改变我的国家吧！但是我的国家似乎也是我无法改变的。

当我到了迟暮之年，抱着最后一丝努力的希望，我决定只改变我的家庭、我亲近的人。但是，唉！他们根本不接受改变。

现在在我临终之际，我才突然意识到：如果起初我只改变自己，接着我就可以依次改变我的家人；然后，在他们的激发和鼓励下，我也许就能改变我的国家；再接下来，谁又知道呢，也许我连整个世界都可以改变。

这段文字令人深思。俄国大文豪托尔斯泰也说过类似的话："全世界的人都想改变和控制别人，就是没人想改变和控制自己。"

俗话说："女人善变的是脸，男人善变的是心。"女人要乐于接受

改变，并善于改变自己，这样才能吸引别人的眼球，让男人始终对你充满兴趣。

歌坛有百变天后，这样的女歌星可以给自己的粉丝常见常新的感觉，让歌迷不因为岁月或者其他的原因而改变对自己的喜爱；同样，生活中的女人也要"善变"，才能让男人不因日久天长而觉得女人失去了新鲜感。善于改变的女人，可以将性感和纯真、婉丽和开放、含蓄和激情在自己身上尽情演绎。

小晴的感情生活令周围的人都羡慕不已，她的老公是商界强人，对小晴却始终如一，不论大小场合都带着老婆去参加。在周围人的一再逼问下，小晴才娓娓道来——她被老公亲昵地称为"百变宝贝"。小晴透露自己老公曾经说："有这样的老婆在身边，我这辈子不用再看别的女人了，我有'百变宝贝'！"问及小晴在生活当中如何"百变"，她说："我从来不让自己只有一种传统的发型，只穿一种风格的衣服，我经常去尝试，但并不是随意地变化，而是根据自己的实际情况，给自己更多的着装和外在修饰的空间而已。"

小晴会依据外出的场合来进行着装和发型的搭配。譬如逛街的时候，就会穿得很时尚但不另类，像个高贵的少妇，又没有脱离清纯的意味。小晴可以时而清纯得好像没有摆脱学生气，时而可以如时尚的女模特，时而充满野性美，时而带有浓厚的淑女味。各种不同的变化都突出了小晴各种风格的美丽，每种不同的风格中，都很好地彰显了浓浓的女人味，难怪小晴的老公这样欣赏小晴。

谁也没办法阻止一个人对美好事物的欣赏，尤其是男人潜意识当中对美丽女人的欣赏。因为人们都喜新厌旧，只有让"旧物"能够永远"崭新"，才能化"厌"为"喜"。其实，人也能够旧貌换新颜。最根本的在于女人是怎样看待自己的变化，女人的变化不仅是为了取悦男人，更多是让自己拥有愉快的感情生活，让自己能够通过改变来拥有好的心情。不变的女人会将生活变成一潭死水。

有这样一个男人，他有一个温柔贤惠的老婆，他的老婆不仅人长得美丽，而且持家有道。他在外面不管遇到怎样的困难，老婆都会耐心地听他倾诉心中的痛苦；他回到家不管发多大火，老婆永远不吵不嚷，因为她知道他在外面工作有多不容易。

他每天回到家，老婆都会做好饭菜等他，并且为他烧好洗澡水。他老婆的厨艺真的是一流，会烧很多好吃的菜，他想吃什么他老婆就会给他做什么。别人都说他是上辈子修来的福气，能够娶到这样的好老婆，他听了别人的话总是笑而不答，一脸幸福男人的模样。

就这样过了五年，他的老婆依然那样温柔宁静，就像一池秋水，不管他的情绪有怎样的波动，他老婆永远都是不愠不火地对待他；他所做的一切，他的老婆都会以一成不变的方法对待他。虽然生活在别人美慕的目光中，但是他却觉得这样的生活没有激情，没有变化，平静中似乎暗藏了很多让他压抑的成分。

后来有一天，这个男人出轨了，和一个不漂亮也不贤惠的女人走到一起。他老婆知道以后，如五雷轰顶一般，她不清楚自己这样默默地努力，这样不求回报地付出为什么会换来这样的结果。朋友们都很惊讶，

守着这样一个好老婆为什么不懂珍惜，反而将婚姻终结呢？

在拿到离婚协议书的时候，他老婆问他为什么会出轨，是不是因为自己做得不好。他低着头，轻轻地摇了一下，抬起头告诉她："其实你做得已经足够好了，简直可以说得上是完美了。刚开始我是那么的兴奋，甚至是感激，但后来我的情绪发生了很多变化，我真的感觉自己已经审美疲劳了。她和你根本没有办法相比，她身上的缺点特别多，但是我从她身上看到了很多不一样的东西，有很多变化的东西和让人捉摸不透的东西。你是那么的优秀，可是我却觉得我没有福气来享受你的好。"

分析一下，两个人分手的原因很简单，主要是因为男人的出轨，而男人出轨的原因是他在家庭中已经找不到任何激情的元素了。每天面对的是一个温柔似水的女子，一年三百六十五日都以同样一种面孔对待发生的不同的事情。男人在女人的身上看不到变化，看不到任何新鲜的东西，哪怕是一句激情的话语，哪怕是一句无理的嘲弄。

就算是满汉全席，每天吃也会厌烦，更何况是感情，更何况是家庭。无论是谁，在一个始终恒定的环境下都难以保持恒定，不变的女人会让生活变成一潭死水。女人对男人总是有各种要求，其实男人对女人同样如此，他们希望自己的女人"上得厅堂，下得厨房"，更重要的是始终给自己新鲜感。为他而变，为家庭而变，为自己而变，女人要变，并不是说让女人不专情，而是指女人应该懂得提高自己、培养一些情趣爱好来提升自己的品位。一些女人为什么在婚后就永远地放弃了自我？从内到外多年都一成不变的女人是如何生活的？不要忘了，为别人的同时，也应该为自己而活。所以，为了使婚姻生活能够长久保鲜，为了给平淡无奇的家庭增添活力，为了不在生活中失去自我，为了爱，女人应该"变"，为他而变，为家庭而变，更是为自己而变，为有一个幸福家庭而变。

有改变，才会有新意。变，让女人在婚姻中始终焕发光彩，让家庭生活不落俗套；变，使女人更有魅力，更有神采。

变，不仅仅意味着改变外貌，还要有自己的内涵，要由外而内、由内而外地变。从家庭的布置、个人的容貌、两人的情感互动到自身的气质、修养、情趣等，都应当随着社会的发展、周围环境的改变而适当地加以更新和变化。女人应该拿出自己的智慧与才情，变出自己的个性，变出自己的涵养，变出自己的情怀，变出自己的韵味，变出自己的新意来。

聪明的女人会在家中摆放各具情趣的小饰物，给爱人泡一杯好茶，给自己放一首好听的乐曲，让家充满温馨，更是给了家人一份好心情。家，是女人创造的工艺品，让人觉得生活棒极了！这样的女人是可爱的，她让生活变得有意义，给人不同的感觉，让人对生活充满了好奇。不得不说，这样的女人是会理家的女人，是会为家庭生活创造更好环境的女人。

女人改变，是因为心有所属，她们希望用自己的才情和智慧让自己所爱的人有惊喜，让生活充满情趣。每一次独具匠心的变化，都体现了女人独特的韵味，让家人在自然、舒服、愉悦中体味生活。

每一次变化都是一种新的情怀，它使女人变得充实而美丽，而充满新意的生活会更有情调。

女人善变，是希望自己在面对别人时使对方和自己都充满喜悦，使生活充满情意。正所谓"女为悦己者容"。女人百变才美丽！女人在变化中积蓄了太多的才情，变中求新，有新就会在意，在意才会努力。

穿着得体，更显优雅的女王范儿

世上的女人有很多种，有的漂亮，有的妩媚，有的纯真，有的优雅。而所有的女人当中，最受人欣赏的是有品位的女人，有品位的女人才能真正散发出自身那独特的气场。

品位是什么？品位是个性的自然流露，如同一阵清新的风，它的本质是"真"。一个有品位的女人，能真实地表达自己的感受、自己的思想、自己的好恶，不伪装，不造作。在瞬息万变的现代生活中，还能不断地修正自己，完善自己，使自己进入更高的境界。

希拉里曾经被批评没有品位，因为她在着装打扮上都着力突出男性气质，一直到2002年，她还被People（《人物》杂志）评为"年度最差着装"。得这个奖，自有缘由。如果没有形象设计师的帮助，希拉里从丑小鸭到白天鹅的蜕变还不知要经历多久。大学时代的希拉里常因衣着过分朴素而显得不合群，还戴着厚如瓶底的眼镜，她曾自嘲"瞎得像蝙蝠"。法兰绒衬衫、厚镜片和朴素的衣着就是她当时的形象标签。在嫁给英俊的比尔·克林顿那天，她母亲在婚礼将要举行时才发现闺女连结婚礼服也没为自己准备。

在丈夫准备竞选州长和总统后，希拉里在智囊团的要求下，终于痛下决心，重塑自己的形象。她摘掉眼镜，染了头发，穿上了得体的名牌套装。就在丈夫传出丑闻的日子里，她为自己建立的魅力形象也毫发无伤，甚至登上了*VOGUE*（美国时尚杂志）的封面。可是，只要身边一缺了形象设计师的出谋划策，高高在上的"白天鹅"就要从天上掉下来，各时尚媒体的"最差着装奖"经常被希拉里收入囊中。

克林顿当选为阿肯色州州长后，作为州长夫人的希拉里以全新的形象第一次出现公众面前的时候，给美国民众留下了非常深刻的印象，她的着装既显示了州长夫人的端庄有礼，更体现了一个女人的品位和优雅的气质。从决定竞选总统那天起，希拉里的衣着品位也开始随着炙手可热的竞选人气而扶摇直上。律师出身、思维严谨的她以前喜欢穿深色外套，美国著名时装设计师奥斯卡建议她改穿浅蓝色和浅粉色的衣服，这样看起来更具有亲和力，也有助缓和希拉里工于心计与强势的冰冷形象。当外表焕然一新的希拉里站在克林顿的面前时，就连克林顿也被眼前这个端庄大方、仪态万方的女人震撼了。克林顿没有想到，原先那个穿着牛仔裤、自信傲慢的女孩，居然有这样迷人的气质。

虽然希拉里竞选失败，但在竞选过程中，她已经成功地塑造了自己有品位、懂生活的新形象。这对于她从头再来，成为奥巴马政府的国务卿有着重要推动作用。估计在以后的仕途上，希拉里会更注意让设计师帮助自己走得更顺当一些。

"品位"是一个奇妙而美丽的字眼，被人称赞有品位的女人，即便貌不惊人，财富不能车载斗量，周身也会笼罩一层耀眼的光芒。

因为无论一个人走进什么样的场合，这个人的着装是影响别人对他第一

印象的重要内容。人们都说"先敬罗衫后敬人"，如果一个人穿着整洁、干净，那么就会给人一种清爽的感觉；如果这个人穿着典雅大方，那么自然而然人们更愿意尊重他；如果这个人的衣服上汗渍斑斑，那么不管他长得多漂亮，人们对他的好感都会大打折扣。重视个人着装，可以增加交际的魅力和砝码，给人留下深刻和美好的印象，这样人们自然愿意与之交往。

有一个男生是某大学篮球队的主力，所以他平时最喜欢穿的不是队服就是运动装。虽然他花了大部分的时间在打篮球上面，但是这并没有妨碍他的学习，各式各样的证书他拿了一大堆。大学毕业前夕，这个男生也和其他同学一样开始找工作。当他看到别人都是西装革履地前去面试的时候，他有点不屑一顾，现如今公司都是看重能力，光打扮得花里胡哨有什么用。况且自己穿惯了运动服，要是真的穿上西装，恐怕都不会走路了。

所以在接到要应聘的公司的电话以后，这个男生仍然穿着自己平时喜欢的运动装，拿着自己取得的种种证书，自信地去面试了。但是让这个男生不解的是，自己一个月以来面试了十几家公司，就是没有应聘上。当他又一次面试失败以后，这个男生气冲冲地来到了面试过的这家公司，找到了人事经理，问他："你们的应聘标准我完全符合，无论是能力还是学历我都符合，为什么不用我？"人事经理笑笑说："你在各方面都符合我们的要求，但是我们需要的是一个专业的人才，不是一个运动员，你没有展现出职业的形象。你的这身装扮和我们公司形象太不符合了。"听到对方的这一席话，这个男生才意识到自己究竟败在了哪里。

通常情况下，干净和整洁是人们对着装的最基本的要求。因为不管多么新潮和时尚的衣服，如果不干净、不整洁，就会大大地影响一个人的仪表。一个企业家或者知名人士在参加访谈或者演讲的时候，如果穿得邋里邋遢，衣服上还粘着中午吃的饭粒，那么人们对于他的尊重和认可便会荡然无存。在这个世界上，通过个人能力让他人完全忽略自己的外表的人毕竟是少数。

所以说，不管是任何年龄段、从事任何工作的人，在着装上都应该符合自己的体型、年龄和职业的特点，在不同的场合、不同的时间都要对着装进行精心的选择和搭配，尤其是在正式场合，合式的着装有助于促进他的事业发展。对女性而言，注重仪表更为重要。

事业，让女王气场十足

印度诗人泰戈尔曾说过："当上帝创造男人的时候，他只是一位教师，在他的提包里只有理论课本和讲义；当上帝创造女人的时候，他却变成了一位艺术家，在他的提包里装着画笔和调色板。"所以女人才会那么美丽、气场十足，所以女人的生命才会五彩缤纷。

不过，很多三十几岁的女人常常感到困惑，她们在事业、家庭之间往往难以取舍，无法做出抉择。

今年31岁的邬宇是某公司财务人员，尽管毕业于某名牌大学财经专业，在公司也属于"元老级人物"，但邬宇至今依然"原地踏步"，连主任助理也没当上。

几年前，邬宇大学毕业后，便选择与相恋四年的男友步入婚姻的殿堂，而且婚后第二年就添了个可爱的小宝宝。用"蜡烛两头烧"来比喻像邬宇这样工作和家庭两头都要照顾的女人最合适不过：一方面她要好好工作，希望得到领导和同事的认可，也不辜负自己从公司领取的那份薪水；另一方面还要照顾好家庭，做个好妻子、好母亲。

孩子年幼离不开母亲，长期进修和出差邬宇都尽量不去。如此一来，她失去了不少晋升的机会。如今，宝宝已经上小学，看到一起进公司的男同事不是晋升为公司的中层领导，就是拿到了高级职称，而自己还在原来的职位上"原地踏步"，她觉得挺不是滋味。眼看自己的职位升不上去，而公司又新招聘了不少硕士生、博士生，这让她不由得开始担心：这样"原地踏步"下去，自己的职位是否还能保得住？

很多女性在家庭与事业方面很难做到两全，大部分女性在生儿育女之后会为了家庭而放弃自己的事业，其实这种选择是不明智的。孩子的教育问题应该是父母双方共同参与的事情，白天可以由学校对孩子进行看护和教育，女性在此时间内可以完全投入自己的事业当中。不想让妻子拥有事业的男人是自私的男人，不想投入事业的女人则是懒女人。在为家庭做出贡献的层面上，本就不该有什么男女之分，男人更不能觉得让女性为家庭放弃事业是一件理所当然的事情。

　　毋庸置疑，30岁过后是事业发展的一个关键阶段，不少白领女性在照顾家庭的同时，忽略了事业的发展，从而丧失了许多晋升机会。然而女性在30岁之后，职场的上升空间愈来愈小，而身后又会有很多职场新人崭露头角。在这样的情况下她们又该如何发展？

　　其实，这个世界一半是属于男人的，另一半是属于女人的。因此，不仅男人应该为自己的事业埋头苦干，女人也同样应该有自己的追求和梦想——成功的事业。女人千万不要把自己的人生圈定在视线所及的范围内，而是应该给自己一个更大的舞台。事业成功不仅会让女人在经济上获得独立，更重要的是，那是女人证明自己能力的机会，也是女人体现自我价值的契机。

　　田华，36岁，是某企业的CEO（首席执行官）。

　　6年前，田华还是一名普通的都市白领，虽然比大多数女人结婚晚，但是30岁的她终于步入了婚姻的殿堂。因为丈夫工作比较繁忙，再加之丈夫想要孩子，所以她就干脆辞职做起了全职太太。当孩子一岁多时，她再也待不住了，没有工作的她总觉得心里空空的。

　　于是，她想自己做点儿什么。起初，田华想做的只是一个小买卖，简单来说，就是卖初加工的蔬菜、肉类食品。她计划用一年时间在地铁站里开上5到8家倡导健康饮食并出售此类食品的小店，她给这个项目取了一个非常贴心的名字——"你的小厨"。

　　从这个灵感诞生的第一天起，田华就被创业的激情鼓舞着，开始一步一步脚踏实地地前进。她坚信一个成功的创业者必须紧抓机遇，并知晓存在的风险。

　　最终，田华成功了，事业越做越大。在创业过程中，她虽然体会

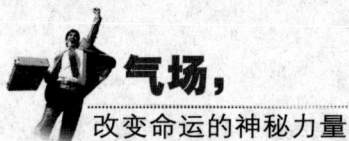

到了一个女人创业的艰辛，但更多的是成功后的喜悦和经济独立后的快乐。

有时候，女人的一生可以用一个圆圈来表达。爱情是圆心，事业是圆的半径；没有圆心不可能画成圆，没有半径也是如此。所以对女人而言，爱情和事业缺一不可，二者兼备，才可以把自己的人生画成一个圈，在自己圆圈上增添自己的图案。

即使时光老去，女王依旧是女王

女人的年龄和男人的工资一样，似乎都是一个让人忌讳的话题，因此大多数女人对自己的年龄避而不谈。有人说要想知道一个女人的真实年龄，那么最好的方法就是看她的眼睛，一个35岁的女人尽管可以通过注射玻尿酸让自己的皮肤保持25岁时的紧绷，用高级化妆品让自己的面色依旧红润动人，但是她却不能伪装出25岁女人的眼神。而真正的气场女王似乎连伪装自己的化妆品也不需要，因为她们深知年龄是用来告诉别人的，不是用来给自己的人生划定界限的。

2009年的伦敦时装周，Dior（迪奥）秀场上，一位银发模特在骨瘦如柴的年轻女孩中间独领风骚。她就是有着"世纪超模"美誉的达芙妮·赛尔芙。已经79岁的她，身姿挺拔，步态优雅，一派女王风范。2011年2月的中国版*VOGUE*的特别企划"爱上每个年龄的自己"又请来已经年过80的达芙妮拍摄主题照。她满头的银发和深深的皱纹，在黑白照片中冲击力十足，让人觉得这是自己所能想象的80岁的女人最美的样子。达芙妮说，自己从来不去染发，也永远不会去做整形手术。她现在的出场费是每场3000英镑，D&G以找到她拍摄硬照（指为广告和杂志拍的平面照）为荣。她从来没有忘记自己是谁，她认真地完成每一次走秀、每一次拍照。当记者问她如何保持美丽的时候，达芙妮说："接受你自己，亲爱的，接受你的样貌、你的年龄，发光的是你的内心。"

法国作家玛格丽特·杜拉斯在小说《情人》中这样写道："我始终认识您。大家都说您年轻的时候很漂亮，可我是想告诉您，依我看来，您现在比年轻的时候更漂亮，您从前那张少女的面孔远不如今天这副被毁坏的容颜更使我喜欢。"

奥黛丽·赫本是英国著名的电影和舞台剧女演员、奥斯卡影后，被世人称为"人间天使"。身为好莱坞黄金时期最著名的女明星之一，她以优雅的气质和有品位的穿着著称。奥黛丽·赫本一生留下了20多个经典的银幕形象，更以巨大的人格魅力赢得全世界人民的喜爱。她有着谦和温厚、优雅高贵的内心世界，以仁爱之心面对整个世界。即使地位超然，她仍然关心着世界每一个角落的人。

奥黛丽·赫本晚年投身慈善事业，是联合国儿童基金会的亲善大使。作为亲善大使，她不时举办一些音乐会和募捐慰问活动，帮助贫穷地区的儿童，足迹遍及亚非拉许多国家。所到之处，人们无不为她温文尔雅、高贵不凡的气场所折服。她的善举也得到了世人的赞誉。她曾说过："女人的美丽不存在于她的服饰、她的珠宝、她的发型中；女人的美丽必须从她的眼中找到，因为这才是她的心灵之窗与爱心之房。"

气场对于人来说，是不可或缺的。想要拥有气场，就必须不断充实自己，让自己以充实的内心来锻炼强大的气场。

气场与年龄无关，不会因为年龄增大而变强，但是它会跟随着岁月一路积累下来，丰富的经历和内心世界会将它淬炼得更为独特。气场是我们身上无形的精神符号，能让人们感受到气场的所有者的状态，或健康积极，或阳刚有力，抑或是消极颓废……如果拥有了强大的内心，那么你的气场必定是积极的、向上的、给人力量的。

一个真正的"气场女王"，一定是一个不受年龄限制的女人。也许每天她还是会坐在梳妆台前花半个小时的时间化妆，但那并不是为了掩盖自己日渐衰老的容颜，而是为了取悦自己；也许她还是会偶尔穿上一身可爱的服装，但是她知道成熟优雅的造型更能衬托出自己的韵味；她也许依旧怀念年轻时候的青涩岁月，但是她却不会因为眼角的鱼尾纹而沮丧。因为她知道那是岁月的馈赠，每一条鱼尾纹里都深藏着一个属于自己的故事。

一个真正成熟的女人，会接受自己的年龄，同时她也会忘记自己的年龄。真正的女王即便一天一天老去，依然拥有永远年轻的心。不要在意自己年龄的变化，而是用心去生活，无论别人怎么做，你都会快快乐乐，不用压抑地去包容，不用费尽心机地忍让或求一个结果，想快乐就快乐。只要你快乐，生活在你周围的人就会快乐。

第六章 强大的气场，

源自你那强大的内心

强大的气场，必须有强大的内心来支撑

强大的气场并非靠外在的包装，而是来自于内心的强大。内心强大的人从来都是那么自信，从来都是面带微笑，即便遇上棘手的事，也不会轻易皱眉头。挫折对他们无计可施，因为强大的内心会令他们准备好迎接挑战的力量，激发出强大的气场。

在生活中，你是否经常发现，有些人在遇到一些突发事件的时候，总是不知所措，抓耳挠腮，思维瞬间被打乱，不知如何是好，而有些人却处变不惊，情绪稳定，总能够做出合适的反应？这两类人之所以会有不同的外在表现，主要是因为不同的内心。

前者的方寸大乱最终可能会导致行为的失常甚至一蹶不振；后者在事情出乎自己意料之外的时候，不会焦虑不安，也不会因为事情的急转直下而改变自己原有的想法，他会理智地进行思考、分析，对自己的目标重新进行论证，做出正确的决策。显然，后者的表现给人的感觉要强大得多，那是因为他的内心是强大的，所以他的气场也是强大的。

北宋文学家范仲淹曾经在《岳阳楼记》中写道："不以物喜，不以己悲。"表现出来的是一种深思远虑的豁达的心态。然而现代很多人似乎很难做到这一点，他们往往会因为一些挫折和困难而丧失激情和信心，往往会因为外界的干扰而情绪激动或者改变自己的目标，这都是内心不够强大的

表现。一个人的生命是有限的，但精神是无限的。俗话说："心态决定一切。"其实说的无非就是一个人只要坚持自己的目标不轻易放弃，最后终归会成功。在这个坚持进取的过程中，体现出来的就是一种外在的气场。所以，一个人强大的气场必须要由强大的内心来支撑。

　　李安华是某公司人事部的一名主管，主要负责人员招聘及录取工作。为了迎接国庆节，这天所有的员工在下班前一小时来到大厅，一起排练节目。这时，从大厅门口进来了一个小伙子。

　　"你好，请问你们的人事部在什么地方？"这个小伙子微笑着说道。公司的一个保安吼道："去一边等着去，没看见我们正忙着吗？"据说这个保安有焦虑症，有时候情绪很难控制，所以一直是公司中的一名普通保安，从未得到提升。

　　"哦，那实在对不起，我等一下吧。"这个小伙子说着就走出了大厅，站在了门口，瞬间成为同事们目光的焦点。

　　等到排练活动结束，已经是两个小时之后了，同事们都急匆匆地离开了公司。这时，李安华发现刚才那个小伙子还在门口站着，脸上仍挂着微笑，保安无理的行为丝毫没有影响到他的心情。

　　李安华感到很奇怪，于是走过去问道："你好，请问你有事吗？"

　　"不好意思，打扰你们工作了，我是来应聘你们公司财务部文员的。"小伙子依然微笑着说。

　　"原来你是应聘的，那实在太好了。明天你就可以来上班了，我们这里正缺少你这样的人呢！"李安华坚定地说。

　　显然，那个小伙子的气场是强大的，因为他没有被无礼的保安扰乱情绪，在面对这样的突发事件时，他用自信、微笑、镇定向其他人展示了强大的内心。其他人之所以会把目光投向这个小伙子，就是因为被他不同凡响的气场所吸引。一个人的内心是否强大，关键在于他如何看待自己。如果一个人总是自卑的、悲观的，那么无论在工作还是生活中，他都是非常平凡且无人注意的人。只有满怀自信、积极向上的人，他的内心才是强大的，在这种强大的内心下才会形成强大的气场。

内心的强大由很多因素决定，坚强的意志力、坚定的信念、永远不会被毁灭的自信等，这些都是内在的因素，而非外在的表现。有了这些内在因素，一个人就不会再有焦虑不安、摇摆不定的表现。当然，这些内在因素的形成并非一日之寒，那些成功的人并非从一生下来就有强大的内心，他们都是历经一番人生挫折，在挫折中逐渐成长成熟，最终实现自己的人生理想的。我们在遇到不幸的时候，要端正自己的心态，放开自己的胸襟，坦然地去面对，理智地去分析。在人生的磨炼中，我们的内心自然会变得强大起来，继而让整个人的气场强大起来。

其实，人生中一切的战斗都是"心战"。有人说战胜了自己就等于战胜了困难，这句话确实有一定的道理，一个始终充满自信、始终保持热情及奋斗精神的人能够翻越任何高山，而那些气场虚弱的人缺少的恰恰就是这些内在因素。

提升自己的内心，然后增强自己的气场，对于一个追求成功的人来说是必不可少的。那么，如何做才能让内心变得强大呢？

首先，要明确人生目标。有了明确的人生目标，才懂得人生中需要坚持什么，需要在哪个方面努力。倘若浑浑噩噩，即便满腹才华，也会付诸东流。

其次，要敞开胸襟。放下自卑，重拾信心；放下消极，让自己充满热情；放下犹豫，让自己坚定不移。这些都可以让我们的气场强大起来。

相信自己才能产生强大的气场

那些气场强大的人从来都是信心满满、胸有成竹。如美国前总统奥巴马能面对数千听众侃侃而谈；如舞台经验丰富的明星，能在众目睽睽之下大胆展示才艺；等等。他们似乎能够在任何时候都满怀信心，不管走在任何地方都可以吸引众人的目光。

自信对于任何一个人来说都是非常重要的，信心可以激发我们的斗志，可以让我们在面对困难的时候坚定不移，可以让我们散发出强大的气场。但是我们经常会看到有些人的信心总是那么脆弱，在遇到一点儿困难或者挫折的时候，就会轻易放弃。这样的信心不可以称为真正的信心，因为它并没有给人带来成功，也不具有强大气场的影响力。

古罗马哲学家塞内加说得好，缺乏信心并不是因为出现了困难，而出现困难倒是因为缺乏信心。你一定要相信，所有被我们认为困难的事情，并不是事情本身有多难，而是因为我们对自己没有信心。信心是成功的筹码，是人全身心投入一件事情的前提。自信就是相信自己能行，是一种信念。它也是我们身上一种特殊的资源，发挥得当，就一定能帮助我们取得成功。

一个没有自信的人，就像长在贫瘠的土地上的花草，他们待人接物、解决问题、处理业务、为事业打拼的能力极差，他们从不敢展示自己的才华，为了掩饰内心的自卑，常常轻易放弃到手的机会。不自信的人，想到的永远是自己的缺陷、不足、问题，不能正面、积极、公平地看待自己，因为想法消极，以致身上的缺点越来越大，优点却像被杂草掩埋的花朵，一天天枯萎。

　　一家电器公司曾推动电器下乡活动，派遣员工到农牧业发达、人口集中、家庭富裕的农村推销电器。但是，推销一直不见起色，回来的员工大多数因为吃了闭门羹显得意志消沉。一个月后，公司副总经理约翰亲自下乡找寻产品推销不出去的原因。当他敲响一户农家的大门后，一名农妇打开了门，看到穿有电器公司工作服的约翰后，竟快速地关上了门。

　　现在约翰终于明白他的员工们为什么推销不出去产品沮丧而归了。因为几乎所有人见此情景，都以为对方不需要自己的产品，这里的人对自己手里的产品根本不感兴趣，再努力也是白费。他们因为不相信产品，不相信自己的推销能力，以致失败而归。

　　但是，约翰并不想就此放弃，他再次敲响了门。农妇将门打开一道缝，态度恶劣地说道："又是你们这些搞推销的，有完没完啊？"约翰并没有因对方的态度与之争吵，因为他一直坚信，这里的人是需要自己公司的产品的，对此他坚信不疑。

　　所以，他态度和蔼地说道："非常抱歉，因为我的员工打扰到您的生活，所以我特地跑来向您道歉。"农妇半信半疑，将门稍稍开大了一点儿看着约翰。"请您接受我的道歉吧！另外，我经过这里时，看到您散养的鸡可真肥啊，它们产的鸡蛋也一定很有营养吧？"

　　农妇不知道约翰到底要干什么，但听到有人夸她养的鸡好，态度显然变好了很多。

　　"我想买一些您的鸡蛋，因为我太太是个做蛋糕的高手，现在我都能想象到她看到您的鸡蛋后高兴的样子！"约翰面露喜色地说道。

　　"哦，的确是的，我家的鸡蛋的确一流，完全是绿色无污染的！"

农妇将门继续开大了一点儿，不无得意地说道。

"咦，你们家还养了奶牛啊。"约翰向内瞧了瞧，继续说道。

"是的，那是我先生养的！"妇人说道。

"啊哈，我猜想您先生养的牛一定没有您养的鸡那么好！"

"您对牛也有所了解吗？"妇人惊讶地问道。

"是的，太太。我曾在农场长大，以前我家的牛都由我来喂养呢，我父亲常常以我养的那些肥硕的奶牛为荣。那么，您愿意带我参观一下您的牛圈吗？"约翰问道。

"没问题！"于是，妇人带着约翰参观了她的牛圈，并询问约翰曾经是如何饲养他的牛的，以及牛圈是否有必要安装暖炉和热水器。

最终，约翰成功地将一批电器产品推销给了这户农家。

这就是自信的力量，当一个人对自己做的事情坚定不移，并充分地信任自己时，那么，没有什么事情是他做不成的，也没有什么目标是他达不到的。

如此可见，自信是人具有的一种特殊本领，它能将不可能的事情变成可能。自信者常常因为自信，找到了一份满意的工作，继而无所畏惧地展露着自己的才能，展露的过程中他还能发现自己一些以前尚未展现出来的优势和潜能。

但是，自信不是让一个人盲目自信，更不是不自量力，或将自信与自负混为一谈。自信的真正表现是相信自己能将事情做好，结果的确令人满意；谈吐举止中有着足够的内涵和分寸；与人谈话，能做好的听众，也能做好的倾诉者；总能看到自己身上的优点，并努力完善自己的缺点。想成为自信的人，可以从以下几方面着手：

给自己"充电"，让自己变成一个内涵丰富的人。一个人知道得越多，自然就越自信。一个没有多少知识、没有足够的见识、专业不突出、技术不过硬、处理纷繁的人际关系没有足够经验的人，工作中遭遇的一定都是倒霉事。倒霉事一多，对自己就更没信心，信心缺失，失败自然不请自来。

永远瞄准目标，坚信自己能做到最好。努力使自己成为某专业领域的NO.1（第一），成为一个具有最积极的心态、最正确的思维、最良好的习惯、最健康快乐的人。

战胜对自己缺点的偏见。如果你的缺点能通过努力得到弥补的话，那就努力完善自己吧；如果不能弥补，那就接受自己的缺点，善待自己的缺点，然后再强化自己的优势。当你的优势足够突出后，你的缺点就会成为无关紧要的存在，甚至还会成为你的特殊标志。

相信你就是最大的奇迹。这个世界上只有一个你，你是独一无二的。正因为你的唯一性，所以你才要让自己的人生过得丰富多彩，少一点遗憾，多一点成就。要有鸿鹄一样的志向，而不做目光短浅、胸无大志的燕雀。

学会控制情绪。人们都说控制好情绪，就能掌握自己的命运。你时常让你的情绪如火山一样喷发吗？你是否有着愤怒过后，内心无比失落、痛苦的感觉，并觉得更加自卑？那么就好好地控制自己的情绪吧，哪怕事情到了最糟糕的地步，也先给自己几分钟时间冷静一下。俗话说，允许情绪控制行为的人是弱者，能让行为控制情绪的人是强者。你一定要做强者。

放下烦恼。时刻告诉自己："我要快乐，我要成功，我没有时间和精力去烦恼。如果有了烦恼，我要做的是用心思考，找到办法解决它。"还要告诉自己，任何事情都有一个结果，结果无非两个，要么好，要么不好。这个世界上没有最坏的事情，只有把事情想得最坏的人。

鲁迅先生曾说："我觉得坦途在前，人又何必因为一点小障碍而不走路呢？"每个人都会遇到失败，关键是你在遇到失败或挫折后做出何种反应。有时候失败或者挫折会扰乱你的思维，而接二连三的失败更会让你失去信

心。一旦信心丧失，成功的可能性就会极大地降低。只有对自己满怀信心，在前进的道路上不抛弃、不放弃，坚持努力不懈，才能在最后获得真正的成功，这类人的内心永远是强大的。

内心强大的人，往往是最懂得宽容的人

宽容和谦让是内心强大的标志，也是一个人强大气场的体现。色厉内荏与内心强大是两个不同的概念，前者是吹大的气球，而后者是强健的肌肉，是一种不言而喻的气场。宽容和谦让会改变他人，影响他人，感化他人。这是一个人的魅力，更是气场的力量。

内心强大的人懂得，与人相处最重要的是宽容。因为懂得宽容和谦让更容易解决争端，让人与人之间和谐沟通。反之，不懂得宽容和谦让的人，往往在与人相处时拒人于千里之外，呈现出一种高傲和清高的态度，容易让自己陷入孤立和被动之中。

在交际中，宽容和谦让能让他人体会到真诚。这种美德更需要内心的修养和勇气的锻炼。试想一下，一个人整日为自己遇到的挫折而懊恼，整日为他人侵占了自己的利益而耿耿于怀，长久下去会导致怎样的结果？

在社交场合中，宽容和谦让的人更容易得到人们的亲近和欣赏。他们能够原谅别人有意或者无意的过错，他们会轻而易举地化解矛盾。相反，那些色厉内荏的人虽然表面上会营造出一种盛气凌人的气势，实则影响力是非常弱的。

已经76岁的苏珊万万没有想到，自己独居40年后，还能尽享天伦之乐。在苏珊不到30岁的时候，丈夫就去世了。好在他们有个名叫约翰的儿子，这让苏珊不会感到日子过得太过孤单。

但是，不幸并没有终止。由于意外，约翰在17岁那年被一群游荡于社会上的坏孩子砍伤，最终因抢救无效而身亡。这种丧子之痛令苏珊无法承受，她几乎连眼泪都哭干了。每当她在街头看到那些不学无术的小混混时，她就想把他们统统杀掉。

就这样，苏珊痛苦地生活了几年，后来，在一次"拯救灵魂"的公益活动中，她碰到了一位已经十分年迈的牧师。当他听说了苏珊的遭遇之后，便颤颤巍巍地对她说道："你的痛苦我可以理解，然而你知道吗？怨恨根本不能改变任何事情。其实，这些混社会的孩子也非常不容易，因为没有父母的关爱，这些孩子才误入歧途。而社会也总是用异样的眼光去看待他们，所以他们多数人都不懂得到底什么是爱，从而更没有办法去爱别人。或许，我们都应该试着去爱他们。"

仍被丧子之痛包围着的苏珊愤愤地向牧师反问道："让我爱他们？这可能吗？他们夺走了我的约翰！"

"那已经是一个过去很久的意外了，放下这些怨恨吧！你应该试着走出来。假如你愿意用一颗宽容的心去原谅他们，他们都会成为你的约翰！"牧师开导苏珊。

后来，经过老牧师的一再劝解，苏珊尝试着加入了"拯救灵魂"这个组织。她会每个月抽出两天时间去一家少年犯罪感化中心，试着接近这些曾经犯过错误的孩子。

开始，苏珊还是摆脱不了丧子的阴影，可随着时间的推移，她渐渐改变了看法。她发现，这些所谓的混混并没有那么坏，他们也渴望关

爱，也渴望别人能关心自己。

苏珊在接下来的日子里，像组织里的其他成员一样，"认领"了其中的两个孩子，她经常带着食物看望他们，并且和他们交流。等到两个孩子刑满出狱之后，她又认领了新的孩子……直到现在，她已经先后认领了30个孩子。在苏珊精心的照顾和呵护下，他们似乎真的把苏珊当成了自己的母亲。即使刑满出狱后，他们也没停止和苏珊联系。他们就像苏珊的亲生子女一样，经常去看望苏珊，陪她聊天、看电视，帮她做家务，给她送这样那样的礼物……现在，苏珊早就走出了悲伤的阴影，她总是欣慰地说："我从没有像现在这样幸福过。"

生活在这个世界上，人们走路的时候难免会有相互间的碰撞，哪怕是最和善的人也难免要伤别人的心。

有一位哲学家说："也许在很久以前，有人伤害了你，而你却忘不了那件不愉快的往事，到现在还痛苦不堪，那就表示你还继续在接受那个伤害。其实你是很无辜的，你要了解到，你并不是世界上唯一有这种经历的人。赶快忘掉这不愉快的记忆，只有宽恕才能释放你自己，让你松一口气。"如果你的心里已经酝酿出憎恨的情绪，那么你的生活可能会慢慢失去秩序，你的行为也会变得越来越极端，最终酿成大祸。

宽容听起来挺容易，但要付诸实践就没那么简单了。我们都持有这样的观点，我们应该为我们所犯的错误埋单，因为这样才公平，否则还有什么公平可言？但要是我们不选择去宽恕的话，会发生什么情况？沉浸在痛苦中，还是一心只想报复？造成这样的结果值不值得，这才是一个最值得我们关心的问题。

有一个年轻人和他一个好朋友合伙开了一家公司，然而，就在创业阶段，他的那个朋友竟然背着他挪用了公司的周转资金。

因为缺乏资金周转，他们的公司被迫停业，在停业期间他们的损失很大。后来他的那个朋友为此感到无限懊悔，多次恳求他，希望能得到他的宽恕，因为他的那个朋友万万没有想到会出现这种亏损的局面。

但是，他已经对这个朋友失去了信任，并且十分憎恨此人。事实就是这样，如果那个朋友没有挪用公司的资金，最起码公司也不用赔得像现在那么惨。可是，这已经成了既定的事实，为了还债，他只能变卖自己的房产，而自己也只能去租房住了。

每当他和朋友聚会的时候，他就会当着所有朋友的面大骂那个朋友一番。有时候喝醉了，他甚至产生过想杀掉那个朋友的念头。

因此，从那件事发生后，他每天都很痛苦。他经常在夜里做噩梦，梦见他把那个朋友推下一个万丈深渊。惊醒后，他往往汗流浃背。他因此被郁闷和失眠困扰着，始终都没能从那个朋友背叛自己的阴影中走出来。

一个宽容的人内心必然强大。他们懂得在与人相处时为他人着想，懂得站在别人的角度思考问题。一个懂得谦让的人，不会为一己私利斤斤计较。在面对利益纷争时，他们会首先选择谦让，而不是奋力夺取。当然，这并非懦弱，也并非胆怯，这是一种美德，这种美德给人的是一种强有力的震撼。

经历暴风雨的洗礼，才会见到美丽的彩虹

挫折往往是创造成功的大师，同时也能很好地磨炼我们的意志。那些战胜挫折的人在和挫折做斗争的过程中，会让自己的人格更加完善，让自己面对困境和解决复杂问题的能力得到提升，同时让自己在经历了暴风雨的洗礼之后闪耀着夺目的光彩，拥有一般人所没有的强大气场。

如果我们拒绝了失败，那就等于拒绝了成功。如果我们总是害怕失败，而且想让自己拥有不怕失败的态度，那就应该记住这句话："如果你问一个善于溜冰的人如何获得成功，他会告诉你：跌倒了，爬起来，便会成功。"面临挫折，没有必要退缩，而是要拿出自己的勇气去战胜它，一旦我们取得了成功，我们的意志和人格会让我们的气场更上一层楼。

我们用什么态度去面对生活，那么生活也将用什么样的态度给我们回馈。法国著名作家巴尔扎克说过："世界上没有绝对的事，苦难对于智者是垫脚石，对于强者是一笔财富，对于弱者却是万丈深渊。"这说明了态度的力量是巨大的，水能载舟亦能覆舟，态度对于我们的人生也是同样重要的。消极的态度会产生阻力，让我们的人生变得灰暗；积极的态度能形成动力，让我们的事业走向辉煌。

其实态度就是一种信仰，相信一切皆有可能，只要我们不向命运低头，那么命运就会掌握在我们手中。每个人总会有一些无所适从甚至举步维艰的迷茫岁月，那些取得成就、有所建树的人没有谁不是从逆境中走出来的。从这个层面来说，我们可以这样认为：态度决定了我们未来的生活。

美国成功学大师卡耐基说过这样一句话："山谷的最低点正是山峰的起点，许多走进山谷的人之所以走不出来，正是由于他们停住双脚，蹲在山谷里烦恼哭泣的缘故。"从这句话中我们可以看出，其实处在什么起点、什么高度和什么地方都不是重点，最重要的问题是我们应该尽快地看清自己的方向，确定下一步该往哪里走。

不要让自卑主宰我们的生活，要做一个乐观自信的人。就算失败也没关系，不要沮丧，也不要气馁，我们依然要尽快找到自己的前进方向。

当我们敢于直面生活中的挫折和不公平，不躲避，也不放弃，拿出自己的信心和行动，努力做出改变，那么，这个努力拼搏的过程就是我们完善自己人格的过程，同时也是体现和提升自己的气场的过程。

行走在大漠中的旅行者迷失了方向。这时，他带的水和干粮也都消耗殆尽。当他翻遍了身上所有的口袋后，才找到一个青苹果。"哇，我竟然还有一个苹果！"旅行者是那样惊喜。

于是他把那只苹果紧握在手中，开始继续在沙漠中寻找出路。干渴、饥饿、疲乏时时刻刻都会向他下战书，每当这时候他都会看一看手中的苹果，舔一舔干裂的嘴唇，于是就会产生一股动力。

过了一天，两天，三天……终于在第四天的时候，他看到了村落，原来自己已经走出了沙漠。这个时候，他那干裂的嘴唇上已经出现了好几道血痕，可是他依然没有咬过一口苹果，还是把它像宝贝似的一直紧攥在手里。

这个故事的确让我们惊叹，一个看上去如此不起眼的青苹果，竟然会让人产生如此巨大的力量！

的确，信念的力量就能创造这样的奇迹！它之所以伟大，就在于面对不

幸的时候，它也能唤起我们生活的勇气；当我们身处逆境的时候，它也能帮助我们扬帆起航。信念，是我们心中一团永不熄灭的火焰。信念，是追求成功的内在驱动力。

一生中，我们可以发现很多问题，然后找到解决问题的方法。可是所有的方法归结到一起，那就是成功的信念和欲望。我们不可能总是青云直上，不可能事事都称心如意。虽然有的人身体可能先天不足或后天患有疾病，可是他依然能成为生活的强者，依然能创造出正常人都很难创造出的奇迹，凭借的就是信念。这种坚持到底的信念也会让一个人建起钢铁般的心理长城。

遭遇挫折的时候，不是我们畏惧和回避的时候，而是我们勇敢去正视并打垮它的时候。我们在挫折面前越懦弱，结果就越会让我们失望，这样我们将必败无疑。只有我们拿出自己毫不畏惧的勇气，凝聚最强大的气场，才能提高我们的能力，改变我们的人生。

态度积极了，气场也就积极了

消极的态度是非常可怕的，它总是想尽一切办法来蚕食我们的心灵。然而，我们的态度是什么样的，气场就是什么样的。我们的气场在积极态度的引导下，会变得更积极、更强大。相反，在消极态度的影响下，气场也会越来越消极，从而让我们的人生笼罩在乌云之下。

有一个村子里住着一位年过六旬的老太太。按常理来说，她到了晚年，应该享享清福。可让人出乎意料的是，她生活得一点儿也不快乐，整天都情绪低落，几乎没有一天开心过。

村里的人看见她这样的状态，都不知是出了什么事。一天，村里来了一位老禅师，当他听人们说了老太太的事情后感觉到很好奇，于是便来到了老太太家里了解情况。

老太太告诉禅师说，她之所以整天不高兴，是为自己的两个女儿担心。她说，她的大女儿是开染坊的，小女儿是卖伞的。每当下雨的时候，她就担心大女儿的染坊生意不好；而每当天晴的时候，她又担心小女儿的伞卖不出去。就这样她整天都为她们担心，所以心情没法好起来。

禅师听了老太太的话之后，劝她改变一下消极态度，让她从积极的角度出发看问题：如果天下雨，小女儿的生意就会好；而如果天晴，则大女儿的生意就会兴隆。

经禅师这样一开导，老太太顿时觉得心情好多了。从此以后，她的生活态度改变了许多，再也不愁眉苦脸了，日子过得越来越好了。

事实上，老太太的生活并没有什么根本性的变化，只是她的生活态度发生了变化，她的态度积极了，所以气场也积极了，于是就为她带来了不同的生活。

其实生活本来就没有所谓的完美无缺，而倘若我们总是从消极的角度去认识它，那么我们看到的一切都将无比黑暗。这是因为我们消极的心理让自己的气场披上了消极的外衣，所以这个时候，我们会认为整个世界都是消极的；相反，倘若我们从积极的角度去观察它，这个世界就是光明的，这是因为积极的心理产生了积极的气场，所以我们眼中的一切都是积极的。

在生活和工作中遇到挫折时，我们应该认真思考究竟问题出在什么地

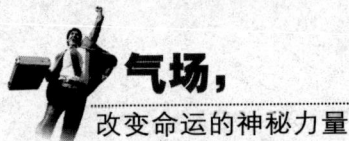

方，这才是正确的做法。通过思考，我们就会发现是自己的方法出了问题，并不是上苍不照顾我们。当我们的人际关系出现问题时，就应该多反躬自省，这样我们就能明白问题是由于自己在待人接物方面还做得不妥当而造成的，并不是别人有意针对我们……这就是积极的气场。积极的气场就是这样在一点一滴中形成的。

积极的气场的核心就是积极向上的生活态度。当我们学会了用积极的态度去替代消极的态度，不但我们的气场会转向积极的方面，而且在气场作用之下，身边的很多事情都会变得对我们有利。

我们不要始终抱着消极的态度去面对生活，也不要整天抱怨说自己命不好。真正的原因在于我们没有让自己形成积极的气场，在于我们没有认真付出，没有用对方法；当我们有朝一日变得富有，也不要沾沾自喜地认为这是老天对我们的眷顾，其实这些都来源于我们积极的气场。积极的气场赋予了我们上进的动力，我们在它的推动下付出了辛勤劳动，于是便获得了相应的回报。

生活有贫穷和富有，也有悲伤和快乐，这一切其实和气场相关。那些敢于面对生活、热爱生活并且总是能以最积极的态度面对生活的人，才能真正让自己的气场变得积极，从而让自己的人生变得美好起来。

学会独立思考，内心才会变得强大

一位服装大师曾经说过这样一段话："同样是一件蓝色礼服，你们不要只是看衣服的款式和颜色。不管它看上去是多么普通，在我看来，即便只是加上一条腰带，都会使它成为一件不同凡响的礼服。"

是的，也许我们一般人在看相同颜色的礼服的时候，很难发现它们的不同，而这位服装大师能够看出它们的不同，就是因为他具备独立思考的能力。

对于一位拥有独立思考能力的人来说，当所有人都只看到事物的表面时，他会从另一个角度去看待这个事物，他会去思考事物的不同方面。正是因为这样，他才能够获得无限的创意，才能够获得心灵的自由，体现出与众不同的气场。

法国哲学家笛卡尔曾说过："我思故我在。"可见，一个人是否能够体现出他存在的价值，完全在于他的思考能力。当然，每个人都有思考能力，可有些人就像墙头草，哪边风大就顺从哪边。他可能在思考，可是他的思考是跟着别人走的，也就是说，他的思维经常受到他人的干扰，人云亦云，没有一个坚定的立场，这样的人给我们的印象是无足轻重的。相反，有些人在处理某件事的时候，总能够提出独到的观点和见解，能够坚持自己的想法，能够让我们心中一震，马上成为现场的亮点，彰显出一种强大的气场，主要原因就在于他具有独立思考的能力。

王晓磊是某公司的一名新职员，刚到公司，当然干劲十足。在公司策划部工作了几天之后，他发现上司总是要求他按照现有的工作流程和工作模板来完成工作，策划部总是被动执行上级所下达的活动策划内容，而并非自己去主动完成一些活动的策划。他在想："是不是我们能够自主策划一些项目呢？"

有一次，王晓磊向主管提出了这个问题，但主管认为，他们公司现在已经是一个非常成熟的公司，策划部门没有必要单独花时间去研究新

提案。

尽管被泼了冷水，但王晓磊仍在思考着一些有价值的方案。在完成部门所交付任务的同时，他仍旧花时间去研究一些新的策划方案。随后，王晓磊经过自己的研究及思考，终于完成了一个很满意的策划方案。

做完方案后，王晓磊将策划方案直接交给了主管。主管很不理解地拿起了方案，心想："放着轻松的日子不过，干吗要给自己找这么多事呢？"最后，主管通过程序把这个方案递交给总经理。

总经理看后觉得这个方案十分具有创造性，决定实施这个项目。这是主管、王晓磊以及他们部门的员工都没有想到的，而且总经理直接任命王晓磊担任此方案的负责人。在一时之间，部门所有的员工都向王晓磊投来了赞许的目光。

要想具备独立的思考能力，就要有自己独到的见解。那些老好人、随大溜的人总是那么平庸、不起眼，浑浑噩噩过了一辈子，这是一件多么可悲的事情。因此，要让自己的气场强大起来，就应该拥有独立思考的能力。如上例中的王晓磊，总能够给人耳目一新的感觉，他的心灵是自由的。同时，个人的气场也是一种自由的外露，这种气场是由内而外散发出来的。他能独立思考，证明了他内心的强大，继而凸显了他强大的气场。

李立群是某公司的一名员工，身材瘦小，很不起眼，可是有一段时间，他却成了公司众所周知的人物。

同事们在工作之余或者吃饭的时候总会讨论一些热门话题。最近日本发生了海啸和大地震，这成为大家热烈讨论的话题。由于各种媒体上的信息不断传入大家的耳朵，纵然身在千里之外，还是不免会让大家有一些担忧。

中午大家在食堂吃饭，又谈起了这个话题。小马说："现在日本的核泄漏越来越厉害，波及范围已经越来越大，我们难免会受到影响啊！"小谢说："我们离日本还远着呢，不可能影响到我们的。"就这样，大家你一言我一语地说着，甚至可以说是争论着。

这时，李立群说话了。首先，他对日本的核泄漏和切尔诺贝利核事故的严重程度进行了比较，对日本目前所采取的措施进行了分析；然后，他对公司所在地与日本的距离、最近一段时间的风向等做了一些科学的分析及说明；最后得出一个结论，日本的核泄漏对本地的影响是很小的。

同事们听了李立群的分析，都惊讶地看着这个没有出众外表的小伙子，其中一个新员工问一个老员工："这是我们公司哪位领导啊？"

这个案例中，李立群没有出众的外表，但说话有条有理，说话的语气也没有咄咄逼人，但大家都为他所折服，这就是他的气场。他的气场是如何得来的呢？

把他的语言和其他人的语言相比，显然他具有独立思考的能力，能够对一个问题有条有理地进行分析，从而很清晰地得出让大家折服的结论。正是因为具备了这种独立思考的能力，这样的人在人群中总是能成为核心人物，人们都会因为他具有这种气场而听从他的意见。

温家宝总理曾经说过这样一句话："大学的灵魂就是独立思考，自由表达。"对于我们个人来说也如此。陈寅恪说："自由之思想，独立之精神。"一个人的思想不能够出现禁区，不能够被束缚。一位大师之所以会有常人所不具备的内涵、定力及文化底蕴，就是因为拥有了这种独立思考的能力，具备了强大的气场。

独立思考是一种习惯,这种习惯源于你面对事物的时候保持冷静、积累事实。保持冷静能够让你想得更深、更远;而积累事实则帮助你实现自己的思考。当然,独立思考并不是空想,而是需要在事实的基础上进行思考,这样才能激发我们自由的心灵。

内心强大的人,才能掌握自己的命运

有些人在面对突发事件的时候,总是能够做到处变不惊,运筹帷幄,这种强大的气场令人折服。他们之所以会给人这样的感觉,完全来自他们个人对局面的控制力。试想一下,你在做一件十分有把握的事情时,你的内心是怎样的?必定是信心满满、不慌不忙。即使有一些让你意想不到的事情发生,你也会有条不紊地处理。因为你心里有数,有控制的能力,能够控制事情的发展及走向,当然也就不会有所谓的无助及绝望。这就是控制感带给你的能力和气场。

那些内心强大的人,往往有很强的控制力。即便在面对压力和打击的时候,他们也能够控制局面,从而掌握自己的命运,将一切打理得井井有条。

一位研究者来到一所疗养院,做了这样一个实验:他将新来的老人随机分成了两组,一组给予对生活的控制权,而另一组没有给予这种权力。

在拥有控制权的一组,研究者把他们安排到了一个小屋子里,然后对老人们说,养老院将会给予他们最好的生活条件,但是他们的生活依然要自己来负责，一些生活上的决定他们必须要自己做出。

　　而他们需要做出决定的内容包括房间布置的样式、电影要在何时放映、听什么样的音乐，等等。最后，研究者给予这一组老人每人一株小植物或者一只小动物，并要求这些老人照顾它们。

　　而对于另外没有给予这种权力的一组，研究者也给予了这些老人同样的生活待遇，但他告诉这些老人的是："只要在这里安心养老就好，其他什么事情都不用操心，一切大小事务都由养老院来安排。"同样，他最后也给了每个老人一株小植物或者一只小动物。不同的是，他告诉这些老人，这些植物及动物只需要欣赏就可以，不需要他们来照料，有护士帮他们来照料。也就是说，他们不需要做任何事情。

　　过了一年之后，实验结果表明：被给予了自由控制权的这一组的老人生活得更加快乐积极，并且能够和他人有很好的沟通，死亡率只占15%；相反，没有这种控制权的老人则大多郁郁寡欢，精神状态明显不如从前，死亡率达到了35%。

　　其实，案例中所讲到的自由控制的权力就是一种控制力，有控制力的老人懂得安排自己的生活，他们将命运掌握在自己的手里，于是他们能够主动去选择喜欢的生活方式，从而增强了内心的动力，让内心有了追求和希望。在日渐强大的内心中，他们也逐渐找到了生活的乐趣。反之，没有控制力，就会对生活产生一种厌倦感，久而久之，内心就会变得软弱而失去方向。

　　一个人真正的控制力，是能够主动掌握自己的命运，善于化解压力。

　　一个人的控制力越强，他的内心就会越自信。这种自信会让他有勇气和力量去面对生活的挫折和打击，令他的气场逐渐强大。他的控制力越强，他解决事情的能力就越强，这样的人会充满激情地生活。反之，控制力弱的人，生活中总是弥漫着无助和绝望，他们会怀疑自己的办事能力，觉得上天

不公平。其实，这不过是他们内心不够强大的表观。

那么，如何能够增强控制力？

1. 主动调整自己的情绪

控制感强的人往往拥有平稳的情绪。很多时候，一个人的情绪往往反映了他的生活态度和生活状态。生活中难免会遇到压力，学会用积极的情绪去面对问题会让内心变得强大。一个时刻保持乐观积极情绪的人天生拥有一种特别的感染力，这种感染力在社交场合中往往能够出奇制胜，赢得他人的瞩目。

2. 独立解决问题

一个能够独立解决问题的人必然拥有强大的内心，这基于他对于自己的信任。控制力强的人，必然能够在面对一件事情的时候做出自己的判断，并能够尽自己的能力去解决问题。所以，在生活中遇到一些问题的时候，我们不应该回避，而是应该尝试想办法去解决问题。

当问题被解决的时候，你的内心也会获得极大的满足感；当你将解决问题当成一种习惯的时候，你的气场就显现出来了。

其实，我们也可以把控制力理解为一种骨气、一种斗志。两个接受同样磨难的人，一个人自认倒霉，认为没有可能去战胜这种困难，找不到战胜这种困难的方法，就会受尽折磨，也许一辈子都如此；而另一个人在与磨难做斗争的过程中找到了战胜困难的方法，因此他在每次遇到这种磨难的时候都能够很快地解决。结果是显而易见的，后者的意志力、自信心、积极性肯定要比前者的强很多。

比如，一家公司要裁员，消息传出来，有的员工开始自暴自弃，而那些内心坚定的员工则相信自己是优秀的，是不会被替代的，反而比以往更加卖力工作。

这就是个人控制力的差别，控制力弱的人容易对生活失望，而控制力强的人则能坦然面对人生的每一次冲击，主动掌握自己的命运。

第七章　无法掌控情绪，

　　气场也将不受你的指挥

没有好的心态，就没有良好的气场

每个人的心态都会根据不同的事情和不同的环境而产生相应的变化，这是很自然的。如果我们在社交过程中不善于控制自己的心态，说生气就生气，则可能给他人留下不成熟、不可靠的印象，从而导致社交失败。

我们对于万事万物，都可以用两种不同的观念去看待：一种是正面、积极的观念，一种是负面、消极的观念。如何看待事物就反映了我们的心态。人们的心态完全是由自己的想法决定的。心态对我们的生活和工作都会产生很大的影响，与此同时，它也会对我们的气场产生影响。

一位学者去一所大学找来10名学生做实验。其实这个实验很简单，只要这10名学生按学者的指挥，走过一座弯弯曲曲的小桥就完成任务了。学者在实验开始前还提醒他们说："最好不要掉下去，当然如果掉下去也没关系，下面只有一点儿水而已。"

这10名学生听了学者的要求后便迫不及待地走上了那座小桥。当他们走到桥的那边后，学者打开了一盏黄色的灯。在灯光下，这10名学生往桥底下一看，顿时都心惊肉跳——原来桥底下并不像学者所说的仅仅有一点儿水，还有几条可怕的鳄鱼。这时，学者问他们："这回谁有勇气再走回来？"10名学生你看看我，我看看你，谁都不敢向前迈出

一步。

学者开导他们说："同学们，大家不要怕，你们可以使用心理暗示的方法，想象自己走的是很坚固而且很宽阔的铁桥……"经过学者的一番鼓励，终于有3名学生站出来打算再次过桥。

结果，第一个人才走了几步就吓得不敢前进了；第二个人边走边打哆嗦，好不容易走了一半便也退缩了；第三个人费了好大劲，总算走完了全程。可是等他走完后，全身的衣服都被汗水浸透了，而且花的时间比他第一次走要多出两倍。

这个时候，学者把所有的灯都打开了。大家发现，鳄鱼的确是真的，可是在桥和鳄鱼之间设置了一层铁丝网。只是网也被涂上了黄色，在明亮的灯光下看得很清楚。"现在大家完全不用怕了。都走过来吧！"学者对学生们说道。于是学生们开始往桥上走，结果还有一个学生不敢走。学者问他为什么，他说："我担心那张铁丝网不结实。"

这位学者做这个实验的目的就是为了测试心态对人的气场的影响以及由此而产生的对人们能力和行为的影响。刚开始没有开灯的时候，10名学生的心态都很好，所以大家的气场都是积极的，都很顺利地过了桥。而当打开了一盏灯看见鳄鱼时，10名学生的心态便发生了变化，所以他们的气场也随之改变。消极的气场让所有人都越想越恐惧，于是不敢前进了。当所有灯开启，大家都明白了真相的时候，他们便调整了自己的心态，把自己的积极气场重新建立起来，无所顾虑地走上了桥。只有最后一个学生没有勇气再次走回来，其根本原因还是他那负面、消极的心态而造成的恐惧。

正面、积极的心态会让我们的气场也变得积极，于是便能产生前进的力量，从而把很多积极、正面的事物都吸引到我们身边；而负面、消极的心态则会让我们的气场变得消极，这样就会牵绊我们前进的步伐，让一些消极、负面的事情来到我们身边。

倘若我们是一个团队的领导或是成员，那么我们肯定对上面的理论有比较深刻的体会。比如，一天早上我们刚来到公司就发现很多同事看起来都很沮丧，做事没有劲头，于是我们也会产生不安的心理。倘若这个时候，几位同事讨论说："咱们公司这回完了，这个项目损失惨重。""听说咱们老板携款潜逃了！""看来我们从今天开始已经失业了！"只要有类似这样的坏消息，顷刻间会让整个办公室里的人都变得异常消沉，先前那种充满战斗力的状态必然会荡然无存。

倘若我们是其中的一员，一定能感受到这种具有强大负面作用的气氛。这是消极心态形成消极气场的强有力的印证。

当然，有时也会出现相反的情形。比如，当我们得知公司将面临倒闭的时候，于是便懒洋洋地走进公司，原本打算等公司正式通知后就走，可是这时候我们发现大家都在拼命工作。"咱们要努力，公司的命运就靠我们了！""相信我们这次一定能共渡难关！"在这样的气氛中，我们就可能像马上从梦中清醒过来似的，调整好自己的心态，快马加鞭，投入紧张的工作中，让自己也融入整个团队的积极气场中。

既然心态对我们的气场可以产生影响，那么我们为什么不去调整自己的心态呢？为什么不让自己的心态更正面、更积极呢？因为它能让我们的气场更正面、更积极，这样一来，我们的人生也会发生很大的改变。

世界本不喧嚣，只是你的心太吵

新时代的人们好像每时每刻都在和快节奏的生活搏击，特别容易为压力、烦恼、郁闷所累，这些负面的情绪总是压得人们喘不过气。即便是这样，也没有几个人会每天给自己一点儿时间来认真思考这忙碌紧张的意义。是人们已经养成了这样忙碌杂乱的生活习惯，还是已经习惯了这个时代？

有个农夫在农场工作。一天他打扫完马圈之后，突然发现他妻子送他的怀表找不到了。这块怀表对农夫来说意义非凡，于是他马上回到马圈去找怀表，找了很久，几乎把整个马圈都翻了一个遍，却还是没有找出来，农夫只好颓丧地走出马圈。

在这时，他看见外面有一群小孩子在玩游戏，他便对那群小孩子说：如果你们里面有谁能在马圈里面找到我的怀表，那便能拿走5毛钱奖励。那群小孩子听后便一窝蜂似的跑进马圈里去找怀表，过了一会儿，当小孩子们走出马圈，告诉农夫没有找到怀表时，农夫更加难过与气馁了。

这时候，一个很小的孩子对农夫说："我能进去找一下吗？"可是农夫觉得大家几乎都把马圈翻过来了，还没找到，一个这么小的孩子怎么能找到呢？

但一想反正也没有损失，农夫还是同意了这个小孩进去。一会儿，小孩就拿着怀表走出马圈了。农夫诧异地问小孩是怎么找到怀表的，小孩子对他说："我走进去之后什么也没做，只是安静地坐在地上。一会儿，我便听到了表针走动的声音，我便沿着声音找到了怀表。"

这个小故事是否能让你有所思考呢？

当你觉得生活陷入混沌与茫然的时刻，请为自己留点儿时间。退出纷扰的世界，找寻宁静的桃花源，在祥和、静谧之中倾听内心的声音。只有在那个地方，我们的心灵才会更加澄明，充满希望，从容面对人生必经的各种挑战；也只有在那个地方，我们才会真正感悟出什么才是最珍贵的东西。

每天给自己几分钟的独处时间，不要很久，只要几分钟就够了。可这几分钟对于你的人生却是价值连城的。每天都花上几分钟，能帮助你看清楚你自己，看清楚自己的足迹，看清楚自己的目标与人生、事业乃至价值观是否相符。这样才不会让你自己白费功夫。

古人云："降魔者先降自心，自心伏，则群魔退听；驭横者先驭自气，自气平，则外横不侵。"所有烦恼与不满全部来自你的内心，只有你的心平静下来，才能改变这一切。"唯淡泊可以明志，唯宁静可以致远。"独自一人时的安静，能让你身心轻松，提升分辨对错的能力。

俗话说得好："心静自然凉。"如果能够心如止水，没有任何烦恼、牵挂，心事不过是微风拂面；但如果有太多的羁绊，一定会心灵劳累，百般不适。

在这个人们容易焦虑的时代，内心与灵魂更加需要独处时的安宁。这种安宁，可能存在于高山之上，可能存在于大海边，可能存在于一所郊外小木屋中。如果敢于独处，用心感悟，就一定能找到它的妙处。

独处的时候，你能把脑子里的思绪都排放出来，回想之前让人气恼的情景，在回想的宁静里，当恼怒与烦闷经过改造之后，再次回到脑海里时，已经没有丝毫情感元素，不会伤害你，也不会造成压力。

在纷繁喧嚣的尘世间，自信的人每天拥有几分钟独处的时间，实在是一种独特的享受。拒绝外来的诱惑，独自徜徉于自己营造的安静的气场氛围里，沏一杯香茗，放一段音乐，让疲惫的身心在静静的孤独中好好地放个假。或捧一册书，或看一处远景，抑或什么也不做，就静静地思索，让思绪在静寂中飘得很远很远……

太多的抱怨，会击溃你的气场能量圈

卡耐基曾经说过："任何愚蠢的人都能批评、谴责和抱怨别人，但宽容与理解却需要修养与自控。"不论在生活还是在工作中，在我们的身边，很多人都喜欢抱怨，不论是女人还是男人，不论儿童还是老年人。抱怨的内容、抱怨的方式、抱怨的理由也是五花八门的。

生活中不如意之事十之八九，人人都会抱怨天气糟糕、交通拥挤、物价又上涨了……职场人抱怨自己的工作忙不完，干得多挣得少，领导不能慧眼识人，让小人得志；生活中，纯情少女感情受挫时，抱怨自己为什么真心地付出，得到的却是伤害，抱怨别人的无情，抱怨自己的痴心；年轻人抱怨自己没有一个有钱有势的老爸，苦苦奋斗还是输在起跑线上；老人抱怨儿女不知道孝顺；男人抱怨空怀一身绝技却无用武之地；女人埋怨婆婆太刁钻，抱怨丈夫没出息，抱怨儿女的成就无法让她满意；学生抱怨自己上的不是名校，老师水平太差，抱怨父母不知道关心、体贴自己，只关心分数……总之，抱怨一旦形成习惯，生活中无论什么事，都无法让你满意，你首先想到的就是抱怨。

当然，生活有时并不像我们想象中那样，理想和现实总有一定的差距，有时别人对自己的误解太深，因此抱怨也是难免的。大多数人只要遇到自己不愉快和难以满足自己需要的事情，抱怨情绪就会油然而生。人的确需要被理解，如果抱怨是一种不良情绪的适当发泄无可厚非，这种抱怨是可以理解的，而且这种抱怨也有一定的益处。比如，那些一贯温顺善良的女人有时会冲着丈夫大声喊叫，以发泄内心的激愤。尽管丈夫没有什么反应，但是她抱怨之后感觉心情平静了许多，因为她释放了很多压力。当她们倾诉了自己的烦恼，把不良情绪发泄出来之后，心里就会感觉舒服一些。这种抱怨对身体健康有一定的好处。否则，负面情绪积存太多，重压之下自己会首先垮掉。

可是，你如果总是被负面情绪所左右，像祥林嫂一样总是喋喋不休地抱怨一切，那么说明你的人生已经被抱怨绑架了。每当遇到事你就会先选择抱怨，这样长久下来，你会发现人们都会远离你，你的气场已经消失殆尽，再也无法吸引任何人的注意力。抱怨就是心灵的麻醉剂，渐渐地你已经麻痹了，习惯把抱怨当成家常便饭，并且把这种方式当作你生活的一部分。久而久之，就会像吸食鸦片一样对抱怨上瘾，你总是想从抱怨中让自己得到短暂的安慰，认识不到抱怨对你的伤害。尽管你知道抱怨对解决问题无济于事，但是你还会习惯性地去抱怨。于是，有的人动不动就发牢骚，没完没了地抱怨，或者吹毛求疵。

其实，不起眼的抱怨有着极大的负面作用，抱怨只会让我们看到事物消极的一面：一是弱化个人主体的力量，使自己在困难和问题面前无能为力；二是会滋生推诿心理，将自己面临的困难或问题归罪于历史、社会、父母、领导、同事等，最常见的是一些中层领导在开会时候总是大吐苦水，罗列一大堆困难、一大堆问题，抱怨制度问题、资源问题、上级不支持、广告费不到位、培训不够等，这就是推诿心理的表现；三是淡化责任意识，当出现困

难和问题的时候，总是习惯于怨天尤人，将本属于自己承担的责任推得一干二净。比如动辄声称："这些不是我的责任，你怎么能怪我呢？"

如果你也是这样对待问题的，那么就说明，抱怨正在像瘟疫一样慢慢腐蚀着你的心灵，消减着你对人生与事业的激情，正在污染着你生存的环境和和谐的人际关系。你一旦成为抱怨的俘虏，你的人生就不会再有起色了。

抱怨情绪也会传染他人，抱怨不仅侵蚀抱怨者本人，对于组织发展的负面影响也是显而易见的。有位心理学家说过："我们往往把抱怨当作与人开始交流的最有效手段。人们之所以爱从负面的角度切入话题，是因为这个角度比正面的角度更能引起大家的共鸣，从而拉近彼此之间的距离。"正因为是负面情绪，所以，一旦组织中抱怨成风，一个人抱怨，那么，其他人也会不自觉地加入进来。如此，就会产生抱怨的从众效应，就会形成相互指责的不良工作氛围。当工作出现困难或问题时，上下级之间、各部门之间，纷纷将责任推向对方。结果，抱怨就会形成一个越滚越大的雪球，马上就要发生愤懑的雪崩。过多的抱怨就像可以溃堤的蚁穴，让一个部门、一个团队、一个企业溃不成军，轰然倒下！

情绪也会受到抱怨的影响，它会让我们脾气变坏，后果十分严重。特别是那些脾气暴躁的人，抱怨一番后看到对方无动于衷，很可能会把自己气出病来。

毛主席曾经在《七律·和柳亚子先生》中写道："牢骚太甚防肠断，风物常宜放眼量。"抱怨的确影响人们的身心健康。如果你是一家之主，那么，抱怨不仅会影响你本人，也会影响下一代的身心健康。如果你总在孩子面前抱怨，孩子也会形成这种不良的心理。

有一位爱抱怨的女士在单位改制中遇到了裁员等一些不愉快的事，几乎每天回家后都要跟老公抱怨个不停，不是抱怨经理制订的制度不公正，就是抱怨单位中有人给她穿小鞋。在她抱怨的过程中，女儿总是静静地做作业，她也没感觉什么。可是，一次期中考试后，女儿竟然不及格。当她教训女儿时，女儿嚷道："这不是我的错！你和爸爸都没有文化，不能辅导我，不是你们耽误了我吗？"

让这位女士意想不到的是一向乖巧的女儿居然学会了推卸责任、顶撞父母。后来，当她向女儿的老师说起时，不由自主地开始抱怨了。老师告诉她，还是改掉这个毛病吧，否则女儿也会受她的影响。这位女士这才恍然大悟。

抱怨会让人消沉。人生不可能事事顺利，如果与抱怨为伍，生活算是彻底没指望了。虽然抱怨可以让自己获得短暂的心理平衡，但是这种安慰也是空洞的。抱怨是一剂吗啡，它的那种止疼作用是使人处于一种涣散麻木的状态，而不是积极清醒的状态。

大多数人都爱抱怨，却从没想过如何去解决问题。可在有些人看来，抱怨无济于事，在任何时候，办法都比困难多。即便是自己的条件不如他人，即便是面对那些不公平的待遇，他们也能暂且忍受。这正是他们的优秀之处。

但还有另外一些人，他们即使有抱怨，也不是只去抱怨，而会想着如何去解决这些问题。这些人都是优秀的人。你会发现，他们的气场都很强大，在他们的身上，你总是能找到积极的、正面的能量。

某市物价局的一名干部，从来都是任劳任怨，从不抱怨。

他是从部队转业参加工作的，由于没有什么特殊技能，参加工作的头三年，全局的办公室都由他负责打扫。每天，他都是第一个到单位的。后来办公室又来了一个年轻人，他的职位上升了，但仍然坚持打

扫，总是比别人多干一些分外之事。别人不理解，他却没有一句怨言。

有一次，领导对他写的办公室材料不满意，要求他重写。他尽最大努力写好交上。领导很高兴，可是却得罪了办公室的其他人。这一下，办公室的人几乎都与他为敌。但是，他没有辩解，照样热情工作。而且办公室一旦有人需要帮忙，他也当仁不让。

他所在的科室主任被调走后，大家都认为主任之职非他莫属。没想到，领导却从别的科室提拔了一个副主任来当主任，却把他"下放"到偏远的山区物价所。机关里很多人都议论纷纷，说他主要是"缺少活动"。但他却没有找领导诉苦，也没有表示出任何不满。

谁都没想到这个有点窝囊的人在十年后竟然当上了物价局的局长。人们问退休的老局长为什么看好他，老局长回答："每次晋级评比，很多人不论评上还是评不上，都是满腹牢骚，说什么去基层太苦、薪水太低、环境太差、无法照顾家庭等。我的脑袋都要爆炸了。可是，我从来没有听到他抱怨过什么，他总是在想办法解决问题。他在基层能一干十年，解决了那么多遗留问题，别人能做到吗？"

人们这才终于明白，原来这个"老蔫儿"的长处就是不抱怨。

公司本来就是个最容易产生牢骚和抱怨的地方，唯有勤勤恳恳才有进步的机会。道理很简单，僧多粥少，位居金字塔塔尖的人寥寥可数。每个金字塔底部的人，都渴望自己早一点儿、快一点儿升上去。但是，由于各种原因，不可能保证每一次的人事变动都能够绝对公平。因此，那些自我感觉非常良好、以为某个位置天经地义非他莫属的人，一旦发现愿望落空，就会采取各种各样的方式，发泄心中的不满。甚至会一怒之下撂挑子，给领导脸色看。领导对他们怎能有好印象？

那些从不抱怨、默默工作的人，反而会给领导留下深刻的印象。因为他们的不抱怨给领导留下了好印象，觉得他可以委以重任；因为他们在别人抱怨的时间中，默默无闻地用工作成绩来为领导减轻压力；因为他们自觉地做了许多不是他们分内的事情。如此一来，领导能不青睐他们吗？正是因为不抱怨他们才能集中心志工作，于是他们不仅工作主动，而且谦逊，职位得到提升也是很自然的事情。由此可见，不抱怨是一种态度，也是一种智慧，不仅可以建立和谐广泛的人际关系，而且能够帮助自己开辟一片新天地。

不管在什么组织，任劳任怨地做出优秀的业绩，为组织创造价值，才是被提升的基本原则。因此，如果你一直对自己的职位不满，认为是屈了自己的才，不要总是抱怨领导没有给你机会，不妨仔细问问自己，是否在领导交给你任务后，能够圆满完成？

抱怨有时候就是推卸责任。不论在生活还是在工作中，每个人都会面临种种困难或问题，担任职务越高的人，其面对的困难或问题则越多。优秀的人接到公认困难的工作任务，不给自己找可以不完成的理由，也不在面对问题时掺杂任何消极的态度，试图把麻烦推给别人。他们总是积极面对困难或问题，积极尝试。即便没有取得他们期待的好结果，上司也会改变对他们的看法。因此，你有时间进行抱怨，还不如把时间用在寻找克服困难、改变环境的方法上。只要你能对某个问题提出两个以上的解决方案，人们就会对你刮目相看。

优秀的人有个共同点，就是不抱怨，他们想尽办法去解决问题。遇到困难去挑战它，遇到委屈去化解它。只有不抱怨才能获得成功，也只有不抱怨，才能取得进步。如果你是个总爱抱怨的人，请向那些优秀的人学习，把困难或问题当成提高自己工作能力的一个个机遇。减一分怨气，多一分责任，多一分主动，用实干代替抱怨，那么机会早晚会来到你面前。

要想不生气，先要变大气

　　人是感性动物，也是情绪化的动物。生活中的大事小事，甚至鸡毛蒜皮、柴米油盐，都会让人们情绪波动，女人更是如此。不管是在影视作品中，还是在现实生活中，那些有魅力的女人，往往自身的气场都很强大。而这股强大的气场，大多来自于她们的大气、她们的从容。确实，对很多女人来说，要让她们做到"喜怒不形于色"是很困难的。有人说这是女人的天性，有人说这是女人几千年来生活在各种压力下，在各种缝隙中生存形成的生存本能。无论哪一种说法都有道理，或互为因果，互有关联。对现代女性来说，情绪化常常是一种阻力，阻碍了女性在各方面的得分。如果是一心致力于事业，情绪化当然是阻力，妨碍了自己用理性来处理问题，就算辛辛苦苦当上主管，也很难得到下属的推崇；如果没有事业心，只要做个家庭主妇，也会因情绪化而搞得婚姻一团糟，让家人难以忍受。事实上，女性在家虽不是名义上的家长，实际上却是家中的主管，家庭里的很多事都是需要理性处理的。然而，这些得分还都是小分，真正失分的地方在于，一个不懂得驾驭自己情绪的女人，往往会使自己的魅力和气质大打折扣。

　　雯雯大学毕业后就直接去爸爸的公司工作了。其实爸爸妈妈本来是想让她自己找一份工作历练一下的，可是没办法，由于从小娇生惯养，雯雯非常任性，遇到不如意的事情就大发脾气或是万分委屈。爸爸心里清楚，这样情绪化的女儿去哪里工作都是不行的。

雯雯的男朋友毕业后打算自己开一家小广告公司。其实自己创业的想法是很不错的，可雯雯就是不同意，她给了男朋友两个选择："要么你开公司，咱们分手；要么你来我爸爸的公司工作。"最终，小伙子还是选择自己创业。雯雯虽然大发脾气，可两人感情很好，此事也就不了了之。可是没过多久，两人却因为小伙子的一次约会迟到而分手了。仅仅是因为小伙子忙工作耽误了几分钟，雯雯就不依不饶，说对方不在乎自己，大哭大闹。这次，小伙子只说了一番话就离开了。他说："雯雯，你不是孩子了，我和你在一起一直都像在哄孩子一样小心翼翼。我想，如果你再不知道控制自己的情绪，你是很难成熟起来的。我们分手吧！"

上面这个故事看起来有些让人哭笑不得，但在生活中司空见惯。试问，这样的女孩算是可爱吗？与其说是可爱，不如说是刁蛮泼辣，不通情理，这就是情绪化的一个侧面表现。或许小伙子最后说的那句话才是关键，一个不懂得控制自己情绪的女人是不成熟的，当然也是不可爱的。

过于感性并不是女人的一种魅力，也不是女性的一种特质，它是一种不理智的为人处世的态度，无原则、无方法、以自我为主、不顾全大局。今天可以接受的，明天却不可以接受；自己可以做的，别人却不能做；旁人不懂她，她自己也不懂自己。这是很多女人身上都有的问题，其实，这样的女人没有丝毫魅力。这样的行为虽然看上去是率真的表现，是清纯的，是直白的，可是，这样的率真、清纯、直白是不能细看的。对于女人而言，真正的魅力，来自气质的累积和智慧的包容。很明显，一个不知道该如何控制情绪的女人不是一个优雅的女人，这会让她看起来是愚笨而没有内涵的，甚至是粗鲁的。所以，当代女性需要注重培养自己的理性，除去性格里过于感性的部分。有时候情绪不好是难以避免的，也不需要矫枉过正。

　　人有七情六欲，有喜怒哀乐。脆弱的人受情绪的摆布，而强大的人则能控制情绪。在人们传统的印象中，女人就该是柔弱的、情绪化的、受情绪控制的。而事实上，任何一个完整的人，有内涵的人，魅力十足的人，无论是男是女，在内心世界里，都必须是强大的，必须是能够理性从容地掌控自己的情绪的。

　　常言道："刀靠石头磨，人靠事情磨。"富有真正魅力的女人，一定是富有内涵的、有人生阅历的。年轻和美丽并不意味着真正的魅力。女人真正的魅力是由内散发出来的，一个知道怎样爱别人的人才能获得别人的爱。一个女人成熟与否，决定于她内心能量是不是足够强大，是不是能控制自己的情绪和生活。成熟的女人，对待发生的事情，不会慌乱，更不会让情绪爆发；不管贫穷与否，都能安然度日。成熟的女人明白自己要的是什么，不会妄自菲薄，不会歇斯底里。所以，她们镇定从容，恬静淡泊。

　　如何做女人是一门深奥的学问，特别是做一个成功的女人需要在很多个角色之间转换。处事时要能独当一面，为人时则要明白上善若水。女人生性就有温柔、恻隐和包容的特性，这使她们更能把握自己的生活。只有充分发挥这些特性，女人才能使自己完美、成熟，才能掌控自己的情绪，掌控自己的生活。

　　驾驭自己的情绪不是说要把女人变成不近人情的机器，也不是要女人学会死板和刻薄，而是要让女人懂得淡定、包容，学会知性地看待生活和世事。

　　知性就是波澜不惊，无所畏惧。生活中哪能事事尽如人意？如果仅凭直觉去感受和面对这些不如意，让自己的情绪做主，那么任何人都无法承受如此频繁和巨大的波折与痛苦，因此带给别人的也只能是不愉快甚至是伤害。知性的女人好似一首田园诗，无论外界有怎样的变化和波折，自有她的安静、雅致。与她相处，你会觉得温暖，觉得包容，觉得安全，觉得快乐。这样的女人就是懂得控制自己情绪的聪明女人，她们没有激烈的斥责，没有刺耳的言辞，有的只是温柔与智慧，从内而外地散发着魅力与芬芳。

冲动破坏的不仅是气场，而且是你的生活

有句俗话说得好："冲动是魔鬼。"很多人因为一时的冲动，酿成了一辈子都无法挽回的惨剧。等到冷静下来后，发现悔之晚矣。说一个更贴近实际的例子，很多女人每个月都冲动地往购物车添加商品，等商品寄过来后，却发现没有多大用处，有的甚至连包装都没有打开就放起来了。但等到月底一看信用卡账单，就又有了"剁手"的冲动。

有个长得漂亮又聪明伶俐的姑娘叫小晴，她都快三十岁了，对象还是没有着落，这让她的父母和亲朋好友都十分着急。其实，小晴一个人的时候也感到寂寞，看着身边的姐妹都已嫁人生子，过着其乐融融的婚姻生活，小晴既羡慕又嫉妒。

按理说，她的条件并不差，怎么就没有人喜欢呢？

这里面的原因还是要从头说起。一天，有一个朋友约小晴出去玩，坐下后朋友就发现小晴心情不好。所以，朋友小心翼翼地问她怎么了，还没等朋友说完，她就抢着说："都是因为你，那天非要我买只猫回家，谁知那只猫四处乱窜，搞得家里乱七八糟。它今天还抓破了我最喜欢的衣服，我生气地教训了它一顿，谁知它却从阳台上跳下去了，现在

是死是活也不知道。"听到这里，朋友再也忍不住了，说："你这样做是虐待宠物知道吗？你这样以后能嫁出去吗？对待一只猫都这样，更别说你的老公了！"

听完朋友的话，小晴想到了她前任男朋友在分手时对她说的话："你这个没事找事的毛病一定要改掉，说话做事之前一定要仔细思考，一定不要太冲动，那样会伤害很多人。"而当时小晴听完她男友的话，只说了一个字："滚！"可后来发生的事证明，小晴在那时的确是太冲动了，没有给前男友留下丝毫的好印象。所以每次想起这段往事，小晴就会给前男友发条短信，却等不到前男友的回复。这时，小晴似乎明白了一些道理。可是，还没来得及让她多想一下，一个电话打了过来，是妈妈托人给小晴介绍的男孩约小晴在一家餐厅见面。在这之前，小晴和他也接触了几次，双方都感觉很好，所以都计划交往下去。

于是，小晴向她的朋友告别，高兴地到约会地点去了。因为那个男孩没有订到座位，他们只能站在街旁忍受着闷热的暑气等着。看着时针一圈圈的转动，小晴几乎要失去等待的耐心了，这时男孩终于找到了位置，可两人点餐之后，却迟迟不见上菜。过了一会儿，服务员过来告诉他们，他们点的那个菜已卖完了。小晴听后火冒三丈，终于发火了，她开始找领班，没有谈出结果，她便转身就要走，打算随便找一家饭店去吃饭。而那个男孩子却坐在那一动不动，一副想大事化小、小事化了的模样。

"我不吃了，你吃吧！等了这么长时间，现在告诉我菜没有了，也不知道吃这顿饭干吗？"小晴生气地说。

"咱们有什么菜吃什么菜吧。"男孩子慢慢地说道。

"你爱吃什么吃什么去吧！"小晴头也不回，大步走出店门，并且把那个男生的电话号码删掉了。

在回家的路上，小晴突然又想起了前任男朋友的话："看上去那么温柔的一个姑娘，怎么一生气，十头牛都拉不回来呢？""要你管？不要这样纠缠我，赶紧走！"小晴自言自语地说。经过的路人都惊讶地看着这个漂亮的姑娘像一个疯子一样在马路上大吼。

其实，小晴不是故意说出那些话来伤人的，只是她一看到自己不满意的事情就忍不住。这是个让她十分烦恼的问题，因为这样容易冲动、口无遮拦，她在别人眼中几乎成了一个恶魔。除了身边的几个同性朋友愿意和她交往，她再没有任何朋友，她感到很落寞。

在心理学上，冲动是一种行为缺陷，它是由外界刺激引起、突然爆发、缺乏理智而带有盲目性、对后果缺乏清醒认识的行为。同时，相关研究证明，冲动是靠激情推动的，带有强烈的情绪色彩，其行为缺乏意识的能动调节作用，因而常表现为感情用事、鲁莽行事，既不对行为的目的做清醒的思考，也不对实施行为的可能性做实事求是的分析，更不对行为的不良后果作理性的评估和判断，而是一厢情愿、忘乎所以，其结果往往是追悔莫及，甚至铸成大错，遗憾终生。

古代有一位酷爱打猎的将军，他整天征战，但也会抽空去打猎。而每次去打猎，他都会带着他的宠物猎鹰，这只猎鹰将军养了好多年。一次，将军带领一队士兵去打猎。他们一大早就出发，可是到了中午还没有收获，便回到了营地，十分扫兴。将军生性要强，不想就这样算了，于是他带上猎鹰、皮袋和弓箭一个人出发去山中。烈日当空，刚走了一会儿，将军就觉得十分口渴，可是附近都没有找到水。他便四处找水，走了很久，来到了一个山谷，将军看见有溪水从山谷上流下来。

将军很兴奋，他从皮袋里拿出一个杯子去接流下来的溪水。当快接

满的时候，将军十分高兴地把杯子拿起来喝，可在这时候，一阵风吹来打翻了他的水杯，将水弄洒了，将军十分生气，大骂起来。这时，他抬头看见猎鹰在头顶上盘旋，才明白是猎鹰捣的鬼。尽管将军非常生气，却没有办法，只好拿起杯子重新接水。当水再次接到快满的时候，又有一股风吹来把水杯弄翻了。又是他的猎鹰在捣鬼！将军生气地决定："既然你这只老鹰不知好歹，给我找麻烦，那我就好好管管你！"

将军抬起水杯，再从头接水。当水接到七八分满时，他悄悄拿出刀，握在手中，然后把杯子拿到嘴边。猎鹰再次飞过来，将军立刻拿出刀，捅死了猎鹰。不过，这次他的注意力全在杀死猎鹰上，没注意自己手中的水杯，结果杯子从手中滑落，掉进了山谷。将军没了杯子就不能接水喝了，不过他认为既然有水从山上流下，那么上面一定有水源，说不定是一个湖或是小溪。

于是，他花了很大的气力向山上爬。他总算爬上了山顶，看见那里真的有一个小池塘。将军对自己的准确判断感到十分得意，他立即弯下腰想要喝个痛快。突然，他看见有一条毒蛇的尸体趴在池塘边上，这时他才明白："原来猎鹰是为了救我，要不是它打翻我的杯子，我恐怕已经喝了被毒蛇污染的池水了。"

将军在生气的时候杀死了他心爱的猎鹰，明白了事情的原因才感到后悔。如果当时他可以控制自己的情绪，他心爱的猎鹰就不会死。

可是发生了的事情不能改变，这世上没有后悔药。所以要冷静地思考问题，特别是面对问题和矛盾时，要保持理性，不要冲动。冲动不能解决事情，还会让事态恶化，最后受损失的还是自己。

有人这样描述："冲动如喝酒，你如果喝了第一口，就会继续喝下去，直到喝醉。"所以，冲动是最不利也最损害自身的一种情绪，它衍生出的坏处会大大地超出我们的想象。

人们总是说冲动是魔鬼，事实上，冲动不只是魔鬼，它还会把你变成魔鬼。冲动，会让一个人犯下让自己后悔的错误。所以我们需要多学习，提高自身修养，遇到问题认真思考再做出选择，经常提醒自己要戒骄戒躁。

懒惰让气场离你而去

生活中充满了不确定性，更重要的是没有人会一直替你管理你的生活。在学校时可能有老师管，让你交作业；参加工作了，可能有领导管，会检查你的考勤与工作进展。那么自己的日常生活与前程的重大安排呢？从决策、执行到监督落实，全靠你自己。

人人都有懒惰的一面，人的性格中就有惰性的成分。生活中常见一些惰性很强的人，能明天完成的事情绝不在今天结束；能让别人做的事情，绝不亲自动手；可以以后再说的事情，现在绝不多做考虑……殊不知，勤奋是取得成功的必备的要素之一。而这里的"勤奋"主要就是指克服自己的惰性。

孟然大学毕业已经半年多了，可是一直没有找到工作。说是找不到，其实她也没有认真去找，因为她根本就不着急工作，家里经济条件好，所以谈不上什么就业压力。看着自己的同学一个个或忙于工作，或忙于找工作，孟然却乐得每天在家里睡到日上三竿。爸爸妈妈不止一次地劝导她："你都二十四岁了，怎么还是这么不知道勤奋呢？家里不缺

让你好好生活的钱,可是你总得有自己的事业啊!就这样放任自己的惰性,也不着急自己的前途,将来我们都老了,你要怎么生活呢?"对此,孟然总是嘿嘿一笑,说:"我知道啦,可是工作也要慢慢找嘛!再过几天我就去找,好吧?"对于自己这个懒惰又任性的女儿,爸爸妈妈也没有办法。就这样一直拖了半年,爸爸终于坐不住了,他和孟然商量了一下,决定帮孟然开一家小服装店,但前提是他只管出钱,其余的事情都要孟然自己张罗。结果,商铺找到了,可孟然依旧每天睡觉睡到自然醒,工商、税务、货源方面的事,她什么都不着急办,能拖一天就拖一天,一点儿都没有自己做生意的勤奋劲儿。后来爸爸看不下去,帮助她把一切打理好了。现在,孟然的服装店被她经营得一塌糊涂。这也难怪,谁见过一个懒惰的老板能做好生意的?

我们很难相信上面案例里的孟然能够把自己的服装店经营好,也有理由相信,如果她依然这样不思进取、不知勤奋,那么她的未来注定会庸庸碌碌、一事无成。生活中这样的例子并不少见,让人奇怪的是,时代越发展,生活压力越大,懒惰的人就越多。特别是现在的一些女孩子,都喜欢以"享受生活""享受青春"标榜自己,不思进取,懒惰成性。过去,女人以勤劳吃苦为自己的座右铭。可现在,放任自己惰性的人却越来越多。难道女人就真的注定是弱者吗?

勤勉会带来成功、财富和好运。一个勤奋苦干的人终究能做成他所要做的事情,这是不变的真理。懒惰是失败之源,懒惰的人只知享受、玩耍和寻乐,只想等好运来临,注定碌碌无为。历来懒惰就是成功的绊脚石。不聪明的人,如果肯努力,同样能做出伟大的事来。我们看看历史上有多少著名人物,他们的成功都离不了"勤"字。聪明的人,如果不勤奋努力,也会庸碌一生。龟兔赛跑的故事不是只给小孩子看的,成年人一样应该从中吸取教训。许多懒惰的人在人生态度上就有问题，他们吝于在工作或职业上使出全力，觉得如果尽力而为却不能成功，就会很丢脸。他们的理由是既然未曾尽力，那么失败了也情有可原，不愁找不到借口。面对失败，他们时常耸耸肩膀说："这件事并不难，我根本没放在眼里。"许多失败者都是这个样子。更重要的是，懒惰是有延续性的，一个失败者就是这样被造就的。

人性里本就有懒惰的成分，这是心理上的疲倦情绪造成的。它有很多种表现，包括极度的散漫和懒惰。烦闷、害羞、妒忌、嫌弃等都会诱发懒惰，让人没有办法按自己的计划活动。而这种懒惰的行为，有的人懵懵懂懂，不知道这是懒惰；有的人把希望放在明天，幻想圆满的将来；还有更多的人虽然极力想要去改掉这个坏习惯，可总是不知道要怎么做，因而陷入恶性循环。

如果你是一个无法克服自己惰性的人，那么首先你要学会微笑。当你不再用冷漠、生气的面孔面对世界时，你会发现，你变得积极主动起来，因为你想把自己变得更完美、更成功。你也可以做一些你最喜欢的事，或是你想了很久的事。不要只看结果如何，只要这段时间过得充实，就该觉得愉快。另外，要保持乐观的情绪，不要动不动就生气。遇到挫折时，生气是无能的表现。正确的做法应该是冷静地查找问题出在哪里，或是寻求解释，或是与别人商量，哪怕争论一番对扫除障碍都有益处。这个过程带来的喜悦能使你更加积极向上，变得勤勉。当然，你还要学会肯定自己，勇敢地把不足变为勤奋的动力。学习、工作时都要全身心投入，争取最满意的结果。无论结果如何，都要看到自己努力的一面。你的努力最终会让你成功的。

不要放纵自己的惰性，给自己制订出计划和纪律，严格要求自己，看似委屈了自己，强迫自己放弃了很多的生活乐趣，不能够随意、潇洒地生活，其实不然。严格要求自己，正是养成良好习惯、克服惰性、享受高质量生活的前提。

不能随便放任自己，不能轻易向懒惰妥协，要坚定自己的目标与计划，才能管理好你自己的人生。不然，你就会随波逐流，贪图眼前的一点点安逸享受，而损失掉生命中宝贵的财富。一个人的勤奋付出是会有收获的，之所以还没得到自己想要的，可能是因为你的勤奋还不够，每个成功者的背后都有勤奋的付出。我们总是抱怨太多，其实是自己付出得太少了。为什么要不停抱怨呢，抱怨得再多有什么用呢？没有付出就没有回报，一个懒于付出的人还想要得到什么呢？

人们常说："努力的人更可爱。"我们可以这样理解它——一个肯勤奋努力的人，总会得到自己想要的，他会一点一点靠近自己的目标，一步一步更接近自己心目中完美的自己。这样的人难道不优秀吗？生命是自己的，生活是现实的，如果不对自己负责，你必将成为一个失败者。要想得到自己想要的东西，必须要靠自己的勤奋和努力。

面对厄运看开一些，好运的气场自然来

"福兮祸所伏，祸兮福所倚。"福与祸是相伴而行的。人的一生，既有夺目耀眼的时候，也有暗淡萧条的时候。当好事降临到你的头上时，不要狂喜不已，得意忘形，你应该学会淡然；同样，当有厄运降临的时候，你也不要过度悲伤，自暴自弃，你应该看开一些，因为也许厄运会在不经意间给你带来福气。

换言之，你应该明白这个道理，所以，我们每个人都应有"拿得起，放

得下"的心态。得与失是一件事的两方面，得也好，失也罢，我们都应以平常心去看待。

生活中，有些人常常会因为婚姻的不幸或事业的失败而感到懊悔不已，觉得生活没有意思，终日沉浸在痛苦之中。安娜就是这样的人。不过，她是幸运的，因为她在遇见一个人后，便彻底改变了这种心态。

曾经，安娜是个患得患失的人，她经常因为得到一个东西狂喜不已，又因为失去一个东西而悲痛至极，她是一个很容易被得失左右心情的人。

她曾经在纽约经营一家杂货店，由于经营不善，杂货店倒闭了，而且她还负债累累。举步维艰的境况让安娜无法面对，她甚至想用自杀的方式结束自己的生命。

一天，她看到了一则招聘广告，赶紧凑过去看个究竟。不看还好，一看她更加心灰意懒。因为她觉得自己一条也不符合招聘信息中提出的要求，看来自己和这个工作无缘。

正当她郁郁寡欢地走在街上时，看到迎面走来一个人，严格地说，那个人是迎面"滑"来的。因为他没有双腿，也没有双手，他坐在一个装有滑轮的小木板上，完全靠光秃秃的双臂夹住一个支架滑行。当他和安娜的目光接触时，他没有像普通的残疾人那样下意识地躲开对方的目光，低头前行，而是有礼貌地笑了笑，并热情地打了个招呼："早安，女士！天气真的很不错啊！"

那一瞬间，安娜的心被震撼了，她想："这位缺了双手、双腿的人能如此快乐地活着，自己作为一个四肢健全的人，还有什么理由自怨自艾呢？与他相比，自己有手有脚，是多么富有啊！"

从此以后，安娜像是变了一个人一样，她学会了在失意时微笑，在

得意时洒脱，学会了用平常心去对待生活中的各种事情。

故事中的残疾人在艰难行路的时候还不忘微笑着和路人打招呼，足见其礼貌；没有双手和双脚，仍然乐观，足见其勇敢和自信；在木板托起的滑行生活中，仍能留意到好天气，足见他的豁达。

确实，和那些四肢不健全的人比起来，我们是幸福的。按理来说，我们应该也是幸福的，可是为什么还有那么多人感到世界不公、命运不济呢？想必是因为过分看重得失吧。得到时狂喜的人，失去时必定狂怒，喜怒之间，足见他们患得患失的心态，在得到之前，担心得不到；在得到之后，兴奋不已，又担心失去。这种只顾眼前得失的人的目光是短浅的，是不利于个人的长远发展的。

古人云，人生不如意之事十之八九。如果你想过得开心，活得轻松，不妨多把精力放在好事上，尽量不要被坏事牵着鼻子走。坏事的降临通常意味着你会失去一些东西，比如失去好心情，失去既得利益，失去健康，等等。如果你明白不幸、挫折、失败是人生的必经之路，用平常之心淡然看待，你就能走向成熟，走向快乐。

有一个没有右手的人，在众人之中他总是能够侃侃而谈，是众人的焦点——他丝毫没有因为失去右手而自卑和失意。在工作中，他是一个积极进取的人，凡事他都会争着去干，是公司最优秀的骨干之一。在众人看来，他虽然缺了右手，但这并没有影响他的正常生活。

有人对他的平静感到难以置信，便好奇地问道："难道你从来没有意识到自己与别人有什么不同吗？你缺了右手，会不会感到痛苦呢？"

他笑了笑，回答说："我是和别人有所不同，因为我少了一只手，但是这有什么关系呢？我只有在某些特定的时候，才会注意到这一点。"

　　因为既然失去右手已经成为事实，在乎它也没有任何意义，毕竟，失去的手不会因为你的关注和在意而重新长出来。不在乎是为了让自己不在压力下生活，不把挫折的不良影响人为地扩大。可以说，这就是拥有平常心的人在挫折和不幸面前的表现——不以得为喜，不以失为忧。

　　这种积极的心态可以让我们更加专注于我们的事业。拥有了这种良好的心态，我们才能更加冷静地去处理各种问题，享受点点滴滴的快乐。

　　其实，我们每个人的成功都受环境因素的影响。因此，得意时要学会感激；失败时要记住，还有比我们更不幸的人。我们不能一蹶不振，只要奋斗了，拼搏了，才可以无愧于心。这样就能赢得一个广阔的心灵空间，我们才能在人生的旅途中把握自己，超越自我。

第八章　气场也需要人脉，
维护好你的朋友圈

通过积极的气场，吸引优秀的朋友

如果我们拥有积极的气场，就能让自己的人脉得到扩大，这是因为当我们和他人进行交往的时候，彼此的气场会相互影响，积极的气场可以吸引别人的关注。

而气场消极的人，总是不愿意和别人进行沟通，所以他们就不会建立起良好的人脉。这样的消极气场有两个方面的体现：一方面是自己说话不得体，也就是不知道究竟该说什么好；另一个是自己的谈话能力差，这主要是指应变能力，比如当其他人说出一件事情的时候，有的人就可能不知道该如何进行应对。

一个人表达能力好，是指他不但能够表达清楚自己的意思，而且还能根据不同的对象来掌握自己说话的语气和分寸，这种人的气场是积极的，也能让他人感受到积极的态度。正如一个激情澎湃的演说家在台上演说时，我们经常会觉得心潮澎湃。

气场积极的人，在和别人谈话的时候，能让别人感受到他的自信和快乐，因为积极的气场可以把他们的积极情绪带给别人。相反，一个拥有消极气场的人，则会把自己的消极情绪带给别人。所以，在交际过程中，我们很

愿意和气场积极的人交谈；而不愿意和气场消极的人交谈。

我们要在交往中把自己打造成别人眼中值得交往的人。如果你欣赏一个人，并能和他保持深厚而亲密的感情，是因为对方也欣赏你。因为你的积极气场也影响到了他，所以他会欣赏你。如果你的积极气场不存在了，失去了吸引力，那么对方就很难继续欣赏你。

在人际交往中，我们应该重视的不是"我能从对方那里得到什么"，而是"我能给对方提供什么"。有的人不懂得去充实和提高自己，而总是把希望寄托在对方身上，希望对方能帮助自己。这种想法很显然是不合理的，它会成为人际交往的绊脚石。那些知识储藏丰富而且在交流中能够做到收放自如的人，大家自然会将目光聚集在他身上，因为他的气场具有足够的吸引力。

索尼公司的前总裁盛田昭夫曾邀请大贺典雄来索尼测试录音机，而当时的大贺典雄只不过是一个在东京刚刚出道的乐坛新手而已。大贺典雄之所以赢得盛田昭夫的赏识，是因为他坚持认为录音机可以制作得比现在更加精良，而且他也是唯一一个持此观点的人。

他的观点当时的确独树一帜，这深深吸引了盛田昭夫。大贺典雄与众不同的气场让盛田昭夫对他刮目相看。

于是，盛田昭夫便亲自向索尼公司工作人员交代，要代这位男生交学费。1955年，大贺典雄正式加盟索尼公司，开始担任录音机部门的主管，不久后，他便着手发展索尼唱片。

后来，大贺典雄通过自己的努力，为索尼公司做出了不少贡献。最终，经过了多年磨炼，他成了索尼公司的董事长及首席执行官。

正是因为大贺典雄那与众不同的气场，让他获得了盛田昭夫的青睐，最终达到了自己的事业巅峰。正是他身上积极上进的气场感染了盛田昭夫，为他建立了生命中最重要的优质人脉。

成就大事的人往往不会放过人脉这种强大的力量，他们总是通过积极的气场来吸引别人，从而成就自己的事业。

建立依赖关系，让双方气场完美融合

不管在生活中还是工作中，一个过于独立的人在人际关系中不免显得曲高和寡。即便个人能力很强，如果没有和别人建立一种互相信赖的关系，那么，彼此人际沟通的效率就会极大地降低。主要原因就是在交流的过程中，彼此所散发出的气场不能够很好地融合在一起。在某些方面，气场的能量与能量之间有排斥的作用。比如，你和一个同事共同去完成一份工作的时候，由于一个小问题而不能达成共识，这样彼此就会缺乏信赖。一个群体的气氛有时候就是一个群体的气场，气氛不融洽，当然气场也不会完美融合。

关于人际关系，心理学上将其分为三个阶段：依赖、独立、互相信赖。互相信赖是达成既定目标的重要因素。这不仅是因为同伴彼此之间具有行为动作上的一致性，更主要的是具有气场的统一性。有了互相信赖的基础，彼

此在心理上就会形成信任。这样，无论在语言表达、动作等各个方面，彼此之间都会散发出一种统一的气场，沟通起来将会更加简捷有效，目标任务将会更加高效地完成。

　　周方是一家公司的销售总监，赵越是刚刚上任的销售助理。在与周方第一次的交谈中，赵越就感觉到他是一个不轻易信任别人的人，似乎很多事情都必须在自己的视线范围之内才能放心。

　　工作了一段时间后，赵越发现周方确实是一个很有能力的人，但始终不相信别人的能力。在一次开会的时候，因为有几个同事在工作上出现了一些失误，周方在会议上大发雷霆，说："我当时给你们安排任务的时候就担心你们做不好，这不，搞砸了吧？你们真的很难让我信任。还有其他员工，工作的所有进度都要向我请示，只有在我批准了之后才能够进行下一步。"

　　此后，员工们似乎都感觉到了领导对自己的不信任，于是对于很多事情都变得非常小心，就连平时很普通的、员工自己可以决定的小事都要请示周方，工作效率降低了很多，员工和周方之间当然也有了很多的隔阂。

　　赵越看到目前这种情况，心想："现在周方和员工之间完全是一种彼此不信赖的关系。如果长时间这样下去，不但工作效率降低，还有可能导致公司倒闭。"最后他决定找周方谈一下。

　　第二天下班的时候，他找到了周方，诚恳地对周方说："周总，不知道您发现没有，您虽然非常忙，非常辛苦，可是我们最近的业务进度非常缓慢，工作效率似乎非常低。"

周方挠着头说："确实，我也看到了，我辛苦倒是无所谓，可业务的进度怎么会受影响呢？"

赵越说："我有一个不成熟的建议，其实我觉得主要问题在于您和员工之间缺乏一种信任，彼此之间有一层隔膜。如果您能够把有些事情放心地交给员工去做，那么效果一定会很好的……"

通过与赵越的交谈，周方似乎明白了什么，马上开了一次全体会议。会议上，周方把有些项目直接交给了具体负责人，并由个人全权负责。员工们在接到项目后非常高兴，认为这是领导对自己的信任。

在随后的几天时间里，员工们在找周方谈工作的时候，不再那么机械了，彼此之间似乎多了很多默契。不仅沟通高效，工作进度也加快了很多。

周方的个人能力虽然很强，但是一开始缺乏对员工的信任，直接导致的结果就是工作效率降低。由于员工和周方工作的出发点不同，因此他们在工作的过程中所表现出的气场也不同，气场的不同导致彼此之间缺乏默契，缺乏和谐，工作效率必然会降低。最后我们看到，在周方采取了一些措施之后，员工和他之间马上就建立了一种互相信赖的和谐关系，这种关系让沟通变得更加轻松，让工作效率得到了极大的提高，其实就是因为彼此气场的完美融合。

所以，对于自身的气场，有些方面完全是可以自己掌控的。当你信赖对方的时候，对方同时也会信赖你，也就是说，对方对你的信赖很大程度上在于你对他的态度。对于两个彼此相互信赖的人，从某一方面讲，可能还是一种责任，当责任一致的时候，彼此所散发出的气场就会融合在一起。

所以，互相信赖的和谐关系能够让彼此的气场完美地结合。那么，要建立互相信赖的关系，需要注意些什么呢？

想要获得对方的信任，先要去信任对方，用你对他的信任带动他对你的信任。比如，在与对方进行交谈的时候，能够敞开心扉、实事求是。作为上级，要给予对方一定的发展空间；作为下级，对某些事情不做任何的隐瞒；对于平级或者朋友，可以适当地讲述自己的一些小秘密，等等。

所谓依赖就是一种彼此之间都需要对方的关系，一旦失去一方，另一方就会遭受一些利益损失。这样的关系其实是最为牢固的，因为谁也不想让自己的利益受损，所以，如果有了信任，再加上相互依赖的关系，这种气场的融合就会非常容易。

具有亲和力的气场更能吸引别人

气场和气势的区别在哪里呢？气场所表现出来的是一个人的魅力，是具有吸引力的，每个人都愿意与有气场的人接触。而气势则不同，它给人的感觉是一种威势，这种威势会让人产生一种敬畏感或者惧怕感，有这种气势的人是很难有吸引力的。

我们知道，在人际关系处理中，只有具有亲和力的人，他的吸引力才会强。在职场中，有些领导非常随和，很受员工的喜欢；而有些领导却是盛气凌人的，总是表现出一副高高在上的威严，这样的领导很难受到员工的欢迎。这就是气场与气势的不同，前者散发出的是真正的气场，是从内心散发出来的能量，具有吸引力；而后者是从表面上表现出来的一种气势，会拒人于千里之外。

有些人总是认为，一个人散发出来的气场必然是令人退避三舍的，似乎气场跟"冷酷""威严"这些词有着不谋而合的相近之处。但是，在人际交往中，倘若一个人周身散发着"冷酷""威严"，表现出一种外在的气势，相信很难赢得众人的青睐。倘若没有人愿意去接近他，那么他所呈现出来的还能叫气场吗？它只能是一种没有意义的气势。

　　大学毕业之后，王建华在一家公司的策划部门工作。最近，公司要展开全国的产品促销工作，为了能够有更好的宣传效果，策划部门必须拿出一个好的方案。

　　这天，部门主管对王建华等几个新人说："公司要求我们部门每个策划人员做一个全国促销方案的策划，时间是一个星期，董事长会亲自过目，希望你们能够抓住这个展示自我能力的机会。"

　　王建华花了一天半的时间很快就做出了一个方案，由于时间还早，他想："一个方案胜出的概率太小，不如多做几个方案，这样胜出的概率就会提高。"于是他在规定的一个星期之内做了四份策划方案。

　　几天后，主管告诉王建华，董事长要见他。说实话，来公司一个多月了，他还从来没有见过董事长的真容。他想，董事长一定是一个非常严肃而且严厉的人。

　　他怀着激动的心情敲了敲董事长办公室的门，一进门，董事长就

对王建华微笑着说："小王，你来了啊？请坐。"他给王建华倒了一杯水，接着微笑着说："小王啊，我看了你的策划方案，首先我给你讲个故事吧。森林里的老虎一次生下了两个宝宝，所有的动物都来祝贺。但是老鼠不以为然，这是因为老鼠刚刚产下了十个鼠宝宝。这时，猴子对老鼠说：'老鼠呀，你生下十个孩子是事实，但是请你不要忘记了，人家老虎的品种比你好得多呀！'"

小王听了这个故事后，明白了董事长的意思，不免紧张起来。

董事长和蔼地说："小王，你做的这四个策划方案我都看过了，也看出了你的努力，但是你花了百分之百的精力投入这四个策划方案中，每个策划方案你只投入25%的努力。倘若你将所有的努力都投入一个策划方案中，这个策划方案的质量会不会更好呢？"

王建华看到董事长的脸上依旧带着笑容，开始为自己的小聪明感到懊悔。

从此，王建华对工作更加专一、认真，对只有一面之缘的董事长更加敬佩了。

案例中，王建华认为自己用四个策划方案一定能够让董事长刮目相看，最后却发现自己的四个策划方案远远比不上别人的一个策划方案。出现这种情况，虽然王建华的出发点是好的，但是对公司或者他个人的发展都是有一定影响的，所以需要纠正。

董事长在纠正这个错误的时候，并没有用严厉的态度进行教导，而是用一个故事给予提醒，然后用一种和蔼的口吻与之交流，充分体现了董事长的亲和力。这样就有效地消除了王建华心中的顾虑，从而能够让其与领导进行心灵的沟通。

对于员工来说，领导这样的表现显然是非常具有吸引力的，这就是一种无形的具有感染力的气场。

美国女企业家玫琳凯在长期的管理实践中发现，管理者和下属员工相处，最重要的一点就是放下官架子，以平等、关爱的态度对待员工，大家像朋友一样相处，这样，下属会以更杰出的工作成绩报答上级。

玫琳凯认为关心员工与公司赚钱这二者并不矛盾。她说："的确，我们是以赚钱为主，不过赚钱并不代表一切。"

玫琳凯不单单在工作、生活和人际交往上表现出对员工的这种关心与爱护，更表现在对员工错误的善意批评上。玫琳凯说："我认为，经常批评人的做法并不妥当。不是说不应当提出批评。有时，管理者必须明确表达出对某事的不满，但是一定要明确错在何处，而不是错在何人。如果有人做错事时经理不表明态度，那么这个管理者也确实过于厚道了；不过，经理在提出批评时，千万不要摆出盛气凌人的官架子，否则结果就可能会适得其反。"

玫琳凯还认为，一个管理者应当做到当某人出错时，在指出错误的同时，又能保护员工的自尊心。她说："每当有人走进我的办公室，我总是创造出一种易于交换意见的气氛。这一点很重要，只要我越过有形屏障——我的办公桌，那么创造这种气氛易如反掌。我的办公桌象征着权力，它向坐在一旁的来访者表明，我有权指示他应该如何如何。所以我总是越过那个有形的屏障，以朋友和同事的身份而不是以领导者的身份与人交谈。因此，我们同坐在一张舒适的沙发上，在比较轻松的氛围

中研究工作、解决问题。有时我还同来人握手拥抱，这样做能使壁垒消除，能使对方无拘无束。"

是的，谁会喜欢一个整天板着脸的老板呢？如果你完全可以做到让员工喜欢你，那为什么不去做呢？最简单的方法就是根据不同的对象表现出你对他们不同的热情。你可能会发现：同某一种人打交道，最好的方式是握手；但换另外一种人打交道，最好的方式则换成了拍拍后背。我们都听说过大夫对卧床的病人表示关心、同病人握手的情景。同样，管理者也应在沙发旁边对来人表示关心。还有一点，就是你要把这些看作是感情的自然流露，做的时候要轻松和自然，否则会有做作的嫌疑。那样不仅不会拉近你和员工的距离，反而会让员工反感，认为你这个人很虚伪，以致更加远离你。因此，作为老板或者不同阶层的管理者都应走上前去，放下架子真诚地同来人握手、拥抱。这是管理者的一个绝招。

在谈到与员工相处时，玫琳凯说："我认为，老板同自己的员工保持亲密的关系是正确的。相反，如果经理同自己的员工总是保持雇主与雇员的关系，那则是反常的。后者无助于最大限度地提高生产率，还会起到坏的作用。"

当然，这并不是要求管理者一味地放低身段。凡事都有度，有时候必须强硬和直言不讳。如果某人的工作总是不能让人满意，你必须要表明自己的看法，绝不能绕过这个问题。不过你必须保持既要关心又不失严格的表达方式。换句话说，你必须既起到管理的监督作用，必要时能够采取严格的行动，同时又必须对该员工表示你的爱和同情，如此才能使他们愿意接近你。

工作中，玫琳凯就从不摆官架子，更不会随意地呵斥员工，在她的许多雇员眼里，她就像是慈母一样。他们认为，玫琳凯是十分关心他们的人，他们对她非常的信任。甚至她的雇员会对她说："我妈去世好几年了，我现在就把你当作妈妈……"每当听到这种话，玫琳凯就感到十分光荣和自豪。

如果一个老板处处在下属面前"打官腔""摆官谱"，总是拿出吓唬人的气势，那么他离成为孤家寡人的日子也就不远了，因为大家讨厌这样的人。一家企业就像船一样，员工好似水一样，"水能载舟，亦能覆舟"。老板纵然是船的主人，但如果没有员工的努力，船也不会安然前行，所以即便你是"官"，是老板，和员工的区别也只是分工的不同，何不放下你的官架子，与员工一起战斗呢？

在人际交往中，我们需要的就是这种具有亲和力的气场，而不是吓唬人的气势。气势改变不了任何事情，在生活和工作中，我们都是深有体会的。比如在谈业务的时候，所需要的是进退有度的气场，这样才能够让大家都安稳地坐在谈判桌前；在聊天的时候，我们则需要注重一些语言的运用，这样才能够让自己更加具有魅力和吸引力。

那么，我们怎样才能把气场与气势分开，在人际交往的过程中发挥气场的作用而非气势呢？

1. 避免使用阻挡性的肢体语言

在人与人的交往中，第一印象尤为重要。倘若你一直盯着对方，合拢自己的手臂，这明显就是拒人千里之外的表现，那么你将很难得到对方希望进一步交往的意愿。你需要注意自己说话的声音及内在的气质，一个人的大嗓门及高高在上的气势并不是在任何场合都适用。交际的成功与否，主要原因

不是外露的力量，而是内在的气场及亲和力。

2. 保持微笑，并且要眼带微笑

眼睛是心灵的窗户，人与人之间的交往很大一部分情感可以通过眼神表现出来。你的眼睛能够告诉对方你是不是一个有亲和力的人。如果在交际中，你的眼睛带着微笑，那么你的气场一定会得到提升。

寻找共同点，拉近彼此间的距离

在交往中，人们往往存在着这样一种心理，即对于与自己有相同之处的人，人们更乐于接近。其实这就是双方找到了气场共同点，通俗点叫"气味相投"。寻找并利用与对方的共同之处是拉近关系的捷径，也是最有效的方式。因为这些共同之处使我们与对方气场接近，有了共同话题、共同语言，因此他就会更信赖你，更愿意亲近你。

共同之处可以帮你更容易了解对方，比别人更亲近对方。因为有了共同之处，对方很可能会和你成为无话不谈的朋友。这样你就会和对方有更深的交流和沟通，你们之间的距离就会慢慢地因共同之处而拉近。

事实上，当你使用了"寻找共同之处"的交往技巧之后，你会很容易与对方拉近距离，得到对方的信赖，这种技巧会使你在交往中得到意想不到的效果。

对方一旦看到你与他的共同之处，他就会很愿意跟你交流与相处，给你与他交往的机会，你可能会在很短的时间内就能成为他的朋友。

因为有了共同之处，你们在交流中会产生感情上的共鸣，这种共鸣是深入人心的。那么你们之间这种朋友的关系就会更近一步，对方甚至会把你视为知己。知己之间，如果有事相求，他必然会放在心上，尽心尽力地帮助你。

或许，你不曾与对方有共同之处，所谓的共同之处是你制造出来的，这样看起来有着欺骗的成分在里面，其实不然。

当对方把你看成"自己人"的时候，为了这份情感，你应该培养自己与他的真正的共同之处。这样才不会枉费别人对你的信任和亲近。

让对方意识到你与其的共同点是自然的，最好不要勉强。你们之间就共同点之间的探讨是有价值的、有深度的。让对方看到你深厚的内涵与底蕴，让你独特的魅力和风格深深地吸引他。

找到你与对方的共同之处是交往中首先要做到的，你可以通过向对方周围的人打听对方的兴趣爱好，提前研究对方的喜好。

如果自己与对方有共同之处更好，如果没有就需要培养。等待机会，然后通过共同之处取得对方的信任与好感。

　　宁欣是一位售楼小姐，偶然的机会她结识了一位潜在的客户，这位客户对小型别墅很感兴趣。宁欣意识到这位客户很有钱，而且品位极高。虽然宁欣极力地向客户推荐，又留了名片给他，可是这位客户一直没有回复。

　　经过多方打听，宁欣得知这个客户酷爱网球。宁欣就了解了一些网

球的知识，并报了网球速成班。当宁欣学得差不多的时候，打电话给那位客户，告诉他自己无意间发现一家环境特别好的网球场，还透露自己的网球打得不错。

当时客户并没有什么反应。后来的一个周末，客户打来电话约宁欣去打网球。因为他的球友出国了，就想起了宁欣。在和宁欣打了一段时间的网球之后，客户主动跟宁欣签下了购买合同。

此外，你也可以多留心对方生活和工作中的一些习惯、注意聆听对方的话，或者分析对方的性格特点，从中寻找你与他的共同之处。

你也可以通过观察对方的打扮、表情、行为举止，来判断他的生活状态、精神层面、兴趣喜好。你也可以跟他探讨一些问题，比如探讨他的品位，探讨人生。通过细致的观察，你会寻找到你们的共同之处。

除了探讨品位或人生之类的话题，也可以聊一些日常生活，在这方面可能更容易找到共同之处。你还可以和对方一起参加活动，如远足等，通过这样的接触也能找到共同点。

共同之处可以拉近你与对方的距离、拉近气场，这样虽不能保证你的目的能够达成，但一定会增加许多成功的机会。

在一些场合，要懂得让对方有面子

　　一个人在社会中，一定避免不了交际。不管跟谁交流，不管在什么场合，要保持良好的气场，要让所有人都对你有好感，就必须要学会说一些场面话。不会说场面话，就显得社交经验不足、气场全无，影响人际关系的建立。

　　场面话通常都是面子上的赞美和恭维，大多数情况下只是礼貌的表达，是不能当真的。面对别人的恭维，要保持冷静。如果不了解场面话，交际就会陷入被动。

　　李月大学毕业后一直忙于工作，眼看快30岁了，一直没有对象。之前，她不以为意，认为碰到真心懂自己的人才可以。等到了这个年纪时，周围的同学、朋友都结婚了，她才开始着急。

　　好朋友看出李月的心思后，便牵线给她介绍了一个在外企工作的朋友，想撮合他们。李月欣然同意了。

　　"小月，有时候必要的场面话还是要说的，你不能太过耿直。"朋友知道李月的性格，忍不住提醒她。

　　这个男人各方面的条件都不错，又很健谈，没过一会儿，李月就对他产生了好感。

　　李月决定改变自己的说话方式，开始搜肠刮肚地想场面话："听说你的工作不错，很有能力。"

　　听到李月的恭维，男人非常高兴。

　　"我听朋友说，你年纪轻轻就升任主管了，我自己跟你一比，好惭愧啊！"

　　"哪里，哪里，我是男人，自然应该更努力。"

　　李月的场面话让男人听得非常高兴，慢慢开始跟李月讲真心话，从工作到生活，什么都说。

　　过了很长一段时间，男子意犹未尽地说："很久没碰到这么能谈得来的人了，如果可以的话，我还想接着约你吃饭。"

　　李月知道，他是在对自己表示好感。

　　"可以啊，如果有时间我还想听你说话，你的很多见解都让我受益匪浅。"李月的场面话也越说越好了。

　　"好，你真是难得一见的好姑娘，真是我的知己。"男人对李月非常满意，后来两人渐渐发展成了恋人关系。朋友都为李月的"开窍"感到高兴不已。

　　之前李月是个理想主义者，想找真正了解自己的人，所以她不屑说场面话。这种想法影响了她正常的交际。等她改变思维之后，把场面话一说，气场立刻显现出来，大家对她的感觉都不一样了。

　　在一些交际场合，场面话还是要说的，我们不能随意表现出自己最真实的一面，这在交际中是行不通的。场面话可以说是交际的专用语言，是见面后的寒暄，是拉近彼此关系的方式。

一般而言，交际场合的场面话是不能全信的，它只是简单的寒暄。当听到他人的称赞、恭维时，千万不要当真，不要被对方哄得昏了头，要用冷静的思维去看待，去分析。如果一味地把场面话当真，只能说明你不成熟，不懂得交际技巧，最后难免会失望。

看到这里也许有人会说，场面话这么虚伪，为什么还要说呢？其实，场面话不是谎话，不是为了进行欺骗，而是一种交际智慧。通常它会涉及原则和立场问题，是在交际中立身的技巧。如果我们不说场面话，那跟陌生人交往时该怎么展开交流呢？在跟他人进行交际，说服对方，拉近彼此关系时，是离不开场面话的。它就如同催化剂，可以有效推进人们之间的关系，所以，场面话不能少。

说场面话并不是可耻的行为，场面话也可以说得让人心动。在现实交往中，不说场面话寸步难行，但要尽量说一些贴近实际生活的话，这样会显得比较真诚。不能随口就是假话、大话、空话，管不住自己的嘴，这样的人肯定会给人虚假的感觉。

需要注意的是，我们不仅要会说场面话，还要会听。如果不动脑筋，径自把他人的场面话当真，到时候吃亏的恐怕就是自己了。必要时，可以通过其他方式来判断对方的话有几分可信。如果只是客套话，就完全不必当真，一笑置之就好了。

所以，交际中我们要学会说场面话，让他人受用，让自己的人脉更加广泛、稳固。

要想说好场面话，首先要学会赞美别人。赞美就像是空气，每个人都需要。当别人听到赞美的话时，就会感到自己被肯定了，这种感觉会让自己对称赞者不由得心生好感，彼此之间也会感觉亲近不少。

在交际中，我们经常听见有人说别人漂亮，说别人聪明，说别人的小孩可爱，等等，这种赞美只要不是信口开河、完全没有根据，通常大家都会非常高兴。

在称赞对方时，要有事实根据。如果赞美太过，会适得其反，收不到良好效果，甚至引起别人的厌恶。

总之，称赞别人是最好的场面话，称赞别人会让你的交际之路更平坦。

一个化妆品推销员上门推销自己的产品，女主人打开门之后一看是推销员，很不高兴地说："谢谢，我不需要。"

眼看女主人要关门了，推销员立刻来了一句："哇，你家的贵宾犬太好看了。"

女主人一听就高兴了，接过话说："那当然了，这条狗是纯种的，当初是花大价钱买的。"

推销员说对了场面话，立刻赢得了女主人的欢心。

不知不觉中，女主人就跟推销员攀谈起来，越说越投缘。慢慢地，女主人对化妆品的好感也油然而生。

"这套化妆品最适合您的身份了，高贵大气，真的很合适。"

这些只不过是赢得他人信任的场面话，女主人未必意识不到，但最终她还是很高兴地买了化妆品。

称赞是最好的场面话，是永不过时的，在交际中，是很容易获得他人好感的。当然，凡事不能太过，一定要把握好分寸。

除了赞美，还要懂得适当地应承。"好，下次见。""如果需要，我肯定会帮忙的。""有时间一起吃饭。"很多时候，这些话是不说不行的。

如果不懂交际，会让对方感觉不舒服或感觉没得到认可。如果当面拒绝他人，还会得罪人，甚至引起对方的记恨，这时不妨说些无伤大雅、没有后患的场面话。既给了对方面子，自己也可以脱身。

"今天我们的交谈非常愉快，大家就是朋友了，以后找你帮忙可不准推辞啊！"很多时候，大家都会这么说。

聪明的人会这样回答："好啊，肯定会的。"别人听了之后，明知是场面话也会很高兴。

不懂交际的人也许就会说："到时候再说吧，我也不知道能不能帮忙。"虽然说的是实话，却让人不舒服。得罪人的大实话，在交际中还是少说为妙。

场面话是建立社交关系的必要手段，大家要正确认识。它不是虚伪，也不是狡诈，而是交际中不可缺少的技巧。有时不会说场面话，会让交际变得无趣，会导致气氛尴尬，影响自己的社交。

所以，说些无伤大雅的场面话，既让对方高兴，又不损害自己的利益，何乐而不为呢？

说话要懂得入乡随俗，别让气场相互排斥

在交际中，要学会看对象说话，如果忽略了这一点，很容易因为说得不得体而引起对方的反感。若是对方第一时间对你产生了反感，他也就会对你形成排斥，你再想接近他、和他套近乎，将难于登天。因此，聊天时必须要掌握好说话技巧，看清对象，想好之后再说，如此有利于你们气场的相互吸引，拉近彼此的距离。

俗话说："见人说人话，见鬼说鬼话。"这不是虚伪做作，而是一种别有深意的说话方式。说话的对象不同，说话的方式自然不一样。不分对象、乱说一气，肯定会得罪人。

张老师是某大学的研究生导师，快50岁了，每天都打扮得非常时髦。每隔一个月她还换个新发型，平时用的护肤品也全是高档货。

"唉，我孙子都出生了，我越来越老了啊！"张老师逢人就说，她最怕自己变老。

"大家谁不是越来越老啊？你已经很不错了，看着比同龄人要年轻很多。"

周围人都知道张老师爱美，怕衰老，所以大家都会避开说她老的话题，都不愿意得罪她。

有一天，张老师曾经带过的学生来看她。这个学生毕业后工作很不如意，就想找老师帮忙，指点一下迷津。

那天，张老师正好感冒了，说话声音沙哑，透着疲惫，整个人看起来也不精神。

"张老师，好久没见了，挺想你的。"学生把带来的水果放下，开始跟张老师寒暄。

"是啊，好久不见，赶紧坐下吧。"张老师对自己的学生很热情，起身倒水给她喝。

由于很长时间没见面，学生有些尴尬，就开始没话找话："老师，你的声音听起来很沙哑，人也不精神，看起来比之前苍老了很多。"

听学生这么一说，张老师跟受了打击一样，脸色立刻就变了。

"我只是最近感冒了，有些疲惫。"张老师明显带着不悦。

这时，学生才意识到自己失言了，不该说老师老，她是那么爱美的一个人，听了这话心里肯定很不舒服。

气氛一下子就变了，学生也没再说自己来的意图，坐了一会儿就走了，张老师也没挽留。

在交际中，很多人都会犯类似的错误，说话不动脑筋、不看对象，最后只会冒失地得罪人，无法达到自己的交际目的。

不论是谁，在跟人交往时都必须掌握一定的说话技巧。说话冒失，不看对象，是对他人的不尊重。懂得必要的说话艺术，才能避免尴尬，为社交的顺利进行奠定良好的基础。

交流是双方的，如果只顾自己表达，不顾对方的感受，交际就会变得毫

无意义。看到什么人，要懂得说什么话。在沟通时，要懂得迁就他人的说话习惯，用对方喜欢的方式表达，如此才能获得他人的认可。这是简单的语言技巧，也是谈话能够继续下去的保证。

有些人认为，看对象说话就是曲意逢迎，是为了讨好他人、奉承他人，从而达到自己的目的。有时为了博得对方的好感，不惜故意说假话，溜须拍马，无所不用其极。其实这么理解是错误的。看对象说话是为了统一大家的沟通方式，是对他人的尊重，不是心怀鬼胎，居心不良。

看对象说话是很有深意的事，其中包含了很多交际常识和谈话技巧。我们要观察对方的为人、了解对方的喜好、探究对方的社交方式等，只有摸透对方，在谈话时才能更加明白对方的心意，跟对方有共同话题。

有些人在交际中总是人见人爱，这与他们看对象说话的交际方式是分不开的。分清谈话对象，才能灵活地表达自己，才能在交往中做到得心应手。

不是所有人都爱听好话，不是所有的善意都能被别人理解。也许你说的话不是字字珠玑，但就是能说到对方心坎上，这就是看对象说话的好处。这样更容易被他人理解，也更容易得到信任。

在与人说话时，首先要进行分类，观察对象是什么样的人，然后再决定用什么方式沟通。分类的方式有很多，可以根据他人的性格、喜好、文化程度、身份地位等分类，只要找到合适的切入点，就能找到很好的沟通方式，顺利拉近彼此的距离。

在跟性格随意的人说话时，不要太过拘谨。有些人大大咧咧，跟谁说话都不客气，他们不认为随意是不好的，相反，在他们看来，随意是一种亲近的表现。如果跟这样的人交流，你咬文嚼字，中规中矩，他们就很难对你产生好感。

俗话说入乡随俗，要适应对方的说话方式，沟通才能更顺利。

　　阿成是一个业务员，他就很懂得入乡随俗的说话方式。有一次，他去谈业务，负责接待他的是小赵。他之前见过小赵，也算熟悉。小赵是东北人，性格爽朗，有时口无遮拦，但能力很不错。

　　"你小子最近忙什么呢？好久不见啊！"阿成很爽朗地说，他放下了平时的客套方式。

　　"哎呀，是你大驾光临啊！真是想死我了。"小赵笑呵呵地打招呼。

　　"公司要的货物准备得怎么样了？要是没准备好我可饶不了你啊！"阿成佯装发狠。

　　小赵乐了："放心吧，我不给别人准备也得先给你啊，谁让咱俩臭味相投呢。"

　　看似随意的谈话，其实是阿成故意引导的，他深知小赵的为人，喜欢跟爽快的人做朋友。如果自己中规中矩，说话礼貌疏离，效果反而会不好。

　　跟沉闷固执的人交流时，说话要简洁有重点。这类人话少又固执己见，面对他们，说话不要迂回，通过观察找出对方感兴趣的话题，然后再直截了当地询问就可以了。这类人很反感滔滔不绝，讨厌兜圈子，喜欢直接进入主题。

　　面对傲慢无礼的人时，尽管讨厌也要耐着性子继续交谈。对这样的人，不需要太客气，说话要有力、有自己的主见，但万不可伤害他们的面子。傲慢的人常常唯我独尊，一旦觉得丢脸，容易做出不理智的事。总之，跟这类

人交往时既要强硬，还要适当地示弱。

在跟地位比较高的人说话时，要尽量客气，说话不能太随便，要表现出自己的尊重。要三思而后行，尽量说符合对方身份的话。不能按照平时的说话方式来。不需要表现出多么亲切，但一定要恭敬有礼。

跟文化水平高的人说话时，语言可以适当书面化、深奥一些，可以对语言进行修饰，可以适当含蓄。但跟文化水平低的人就不能如此了，不要夹杂难懂生僻的话，也不要文绉绉的，如果这样说话，对方会很不适应。为了避免尴尬，最好多说些大白话。

面对虚荣的人时，不妨多称赞一些，多恭维一些，他们会很受用；面对深藏不露的人，最好先向对方表达自己，之后对方才会变得主动。

面对性格温暾的人时，要控制好自己的脾气，说话不要太急，要耐着性子配合；遇到自私的人时，不妨先提一些对方可以获得的好处，看到好处，他们自然会变得友好起来。

不论什么时候，交际都离不开交际对象，在交流时要根据对象的具体情况选择合适的说话方式，这样才能避免失礼，给自己营造出正面的气场，搭建好优良的沟通平台，才能达到自己的社交目的。

第九章　婚姻之中，

别让自己的气场过于"放肆"

幸福的婚姻，有时只是缺少一个台阶

男人对尊严和面子的重视，有时胜过一切，什么都可以不要，但面子和尊严不能丢，因为这是他维护自己威严气场的根本。男人爱面子是不争的事实。对男人来说，他们很在乎自己的面子，也绝对不愿发生让自己丢面子的事情，但这种事情又是不可避免的，所以他们会想尽一切办法为自己开脱。这是男人普遍的心理特征。越是爱面子的男人，其自尊心越强。

晓颖和阿强本来是一对恩爱的夫妻，但是晓颖和大多数女人一样，对优秀的丈夫总是不放心，总是疑神疑鬼的，阿强的一举一动都能牵动她的神经。钱薇是阿强的同事，他们的关系很不错，这件事传到晓颖的耳朵里，引发了轩然大波。但阿强与钱薇之间的关系很正常，实在是没什么可说的。

阿强越是不说，晓颖就越是怀疑。最后深陷痛苦的晓颖居然向阿强公司的同事打听此事，又向阿强的领导诉说。震惊之余，阿强真的无法容忍妻子的所作所为，晓颖和阿强的婚姻陷入危机。

其实，让他们婚姻陷入危机的真正原因就是阿强不忿自己丢了面子，自尊心受到了严重伤害。心理学专家认为，男人爱面子，古往今来皆如此。男

人在外打拼需要树立一个好的形象，渴望得到尊重和肯定。而妻子逞一时口舌之快，无异于加深对丈夫的伤害，家庭战争于是升级。表面看上去男人大大咧咧的，但当涉及面子的时候，他们往往是很敏感的。

因此，对待把面子看得比生命还重要的男人，女人一定要学会理解，尤其是在一些公众场合，女人必须懂得维护男人的尊严。即使有时要为男人做出一些牺牲，委屈一下自己，也未尝不可。要知道，一旦男人的自尊心受到伤害，就会陷入漫长的等待和孤寂当中。

一天下班回家后，苏荣发现丈夫领来了一群客人，买了好多烟酒肉菜，搞得杯盘狼藉。她心里很不高兴，不过还是面带笑容地跟客人打了招呼，并快速地把大家制造的垃圾清理干净，又体贴地问丈夫，还需不需要为大家准备夜宵。

就这样，大家在苏荣家度过了一个愉快的晚上，临走时不停地夸赞苏荣温柔贤惠，羡慕朋友娶到了这样好的一位妻子。待大家走后，丈夫二话没说就包揽了所有家务，没用多少工夫，屋子就恢复了温馨、干净的原貌。

其实，男人对妻子要求并不高，他可以在家里被妻子管，但在外人面前，妻子一定要维护好丈夫的高大形象。所以，妻子要体谅丈夫的这种心理，他想在外人眼里树立男人的高大形象，其实他心里着实有些歉意。要给男人一些自由，尤其不要在外人面前对自己的丈夫横加干涉。

魏女士因为一点小事和丈夫发生了激烈的争论，站在一旁的5岁女儿见状，说出了一句令她汗颜的话："妈妈，你不要指责爸爸了，给爸爸一点儿面子吧！"说实在的，她在愧疚之余很为女儿的这句话感动，因为女儿才5岁就懂得了许多成年女性所不懂的一个道理，那就是，几乎天底下所有的男人都是爱面子的，哪怕是死要面子活受罪。女人如若不注意，那是极容易产生婚姻问题的。

事实上，做个有智慧的女人十分不易。在男人面子这个问题上，女人就要花很多时间去研究，因为这可是一门学问。有智慧的女人不仅懂得男人好面子的道理，更主要的是，她们还要善于给男人面子，并且知道什么场合、什么时间以及该如何给男人面子。女人如若能把这个度掌握好，便于无形中给婚姻上了一道保险。

聪明的妻子懂得丈夫的尊严是不可侵犯的，越是在公众场合，越要维护丈夫的尊严，要给他足够的面子，即便遇到摩擦，也要给他一个台阶下，助他乘风破浪，在竞争激烈的社会中拥有一片属于自己的天空。

婚姻的真谛是平淡，让双方气场合二为一

我们可以把婚姻生活比喻成浩瀚辽阔的大海，而最珍贵的东西往往藏在大海的最深处。

婚姻需要激情，也需要平淡。因为激情，两人气场相互吸引，这样才使得茫茫人海中两个原本陌生的人相爱，然后走入婚姻的殿堂。然而，要想把婚姻长久地维系下去绝对不是一件简单的事情。

所以，婚姻的真谛就是平淡，让双方那种耀眼的气场慢慢减少锐气，

慢慢接近，慢慢融合，最后，使得两个人的气场合二为一，成为一份平淡的气场，一个真正的家的气场。在这份平淡的气场中，我们可以看到最初的激情、浓浓的爱意，还有相依相偎的款款深情。这份平淡不是淡漠，而是一种爱情的升华。

有个浪漫的女人喜欢上了一个理科男，因为这个男生很稳重，每当她依靠在他的肩头时，她心中总会涌动着一种可靠的情感。恋爱三年后，他们开始了婚姻生活，平淡地过着日子。

渐渐地，女人对这样的生活产生了厌倦心理。她是感性的人，天生喜欢浪漫，而丈夫偏偏不善于制造浪漫，让女人感受不到一丝爱的气息。

某天，女人鼓起勇气提出离婚，男人默默地抽着烟，一句话也没有说。女人感到心里凉凉的，她想："这个男人连婚姻都不想挽救，我还有什么可留恋的？"

过了很长时间，丈夫问："那我要怎么做，才能让你改变主意？"

看着丈夫的眼睛，女人慢慢地说："你回答我一个问题，如果答案能让我满意，我就会改变我的想法。比如，我喜欢天上的星星，你会摘给我吗？"

男人沉默片刻后，说："我可以明早再给你答复吗？"女人的心彻底凉了。

第二天早晨，女人只看见了一张纸条。她想，这应该是丈夫的留言吧。

"亲爱的，我不会为你去摘天上的星星。我有我的理由：因为天上的星星根本不可能摘下来，如果我答应你的话，就是在骗你。我不想骗你，但我很爱你，我又不知该如何去做，我只能说，我要好好活着，等你老了，照顾你，为你画眉，为你做饭，让我和你一起慢慢变老……所以，为了表达我对你的真心，我不能答应那个不切实际的愿望，如果我答应你了，那就代表我以前对你都不是真心的。"

看着看着，女人流泪了。

"亲爱的，如果你读完了这封信，你对这个答复要是满意的话，请打开门，欢迎你的爱人回来。因为，我现在正在门外拿着你最爱吃的早餐等着你。"

打开门，丈夫略显羞涩地站在门外，笑容很灿烂。

此刻，女人觉得自己是这个世界上最幸福的女人。

是的，在平淡的婚姻生活中，我们往往因渴望激情、浪漫而忽略了平凡的爱意。爱不是一种固定的模式，表面的浮华只是生活中的点缀而已，隐藏在它们下面的平淡才是一种最真实的状态，才是女人要的幸福生活。

女人生来感性，追求浪漫本不为过，但是一味地追求，甚至不珍惜眼前的幸福，那么，结局就可能是悲剧。

有个很受男人欢迎的女人，因为她的相貌很漂亮，但漂亮的她最后却选择了一位平凡的教师。丈夫对她甚是宠爱，并承担了所有的家务。她的任性和坏脾气也得到了丈夫的包容。

日子平淡地过着。有了孩子之后，家庭经济状况明显变得紧张起来，他们的工资除了养孩子、交房贷，仅够维持正常的生活。女人再也没有经济能力给自己买一些化妆品或是拥有婚前的浪漫了。

她的心里渐渐滋生出不满，牢骚也多了起来。男人从不多说什么，只是尽己所能，承担着生活的压力，并在业余时间写稿子补贴家用。但女人并没有感觉到这些，她开始怀念那些花前月下的日子，那热烈的爱

情才是她最终的追求。

慢慢地，女人变了，回家少了，穿着也时髦起来了。男人听到了关于妻子的传闻，但他没有选择争吵或是打闹的方式去提醒妻子，他只是暗示女人，这种平淡的生活才是最真实的。

然而女人此时已经对物质生活有了无法满足的欲望。尽管男人对她很好，她的欲望还是让她迷失了自己，她认为这样才是自己该过的日子。

她终于提出了离婚，丈夫平静地在离婚协议书上签了字。

两年后，遭遇了生活挫折的女人想起了过去平静真实的生活，产生了复婚的念头。她找来他的好朋友去说情，但她没有等来从前的丈夫，等来的是一张纸条。

男人写道："爱情的伤痕是永远不会被擦掉的，因为它在心里烙上了深深的烙印。爱就像镜子，所以，破镜难以重圆。"

看到这里，女人不禁潸然泪下，她知道她永远失去了他。

每个人都不是完美的，婚后的日子要靠两个人用心去经营，正所谓细水长流。总有一天，我们会觉得婚姻生活已经趋于平淡，对身边的人已经不复当初的那种激情了。此时，我们心中会产生一种失落感，单纯的爱情已经在柴米油盐中化成了简单的句子，甚至是一个眼神、一个动作。我们没有发现爱情的变化，还以为自己或对方失去了年轻的资本，以为爱情被琐碎的生活冲得无影无踪了。

其实爱情和激情都在。因为爱情在婚姻中已经升华，双方的气场已经融合。而我们也已长大，变得更加成熟。

在你心里，谁是你最牵挂的人？肯定是你的爱人吧！当你遭遇不顺的时候，你最想得到谁的关心？当你收获成功的时候，难道不想和你的爱人分享你的喜悦吗？

　　生活赐给我们丰富的经历，夫妻就好像是共患难的战友，在重重困难面前携手同行，在成功面前一起享受快乐，在每一个接受命运考验的时刻都应该是心心相印的。夫妻最好的学校就是婚姻生活，平淡的生活才能培养出幸福的夫妻。

　　我们不可能时时刻刻对生活充满激情，我们也需要休息，因为我们也有疲惫的时候。对待我们挚爱的人，我们也会出现这样的情况，但这并不意味我们在逃避对方，因为我们的心早已和那个挚爱的心紧紧地拴在了一起。我们需要安全感，我们需要责任心，婚姻生活给我们的就是这份安全感和责任心。我们渴望爱，婚姻中的爱情就是这样，平淡却真实，是一份难以割舍的深情。

亲密也要有距离，否则如何看清对方的魅力

　　婚姻犹如一幅艺术品。当你离得太远去观摩的时候，会看不清楚；而当它放得太近时，也会失去作品真正的艺术效果。只有拿捏得恰到好处，才能看到这幅作品独特的气场，才能品尝出这幅作品独有的滋味。

　　两个人在热恋阶段，由于没有生活在一起，且相处之时，大多会表现出自己优秀的一面，不断释放自己独具魅力的气场，或多或少地隐藏自己的缺点，所以多数人会觉得自己的伴侣是完美的。有句话说得好："恋爱就像一场追逐捕猎的游戏，一个人既是猎手，也是猎物。"你用尽浑身解数展示自

己的完美气场，犹如孔雀开屏、黄莺鸣叫，都是希望吸引住对方，把对方的心牢牢地抓在手心里。初恋时的若即若离、时聚时散，总是让人魂牵梦绕、浮想联翩。这也是初恋总会给人留下美好回忆的原因。

可当男人结婚之后，就是另外一回事了。共同生活在一个屋檐下，每天所想的不再是那些美好的童话般的生活，而是柴米油盐这些琐碎的小事。同时因为每天朝夕相处，对方的缺点也暴露无遗，自己的伴侣已经不再拥有自己幻想中那种完美的气场，一切不再是雾里看花、水中望月，朦胧的美感也已消失殆尽。热恋期间，女人的任性和天真，都让男人感到她是那样单纯可爱，可婚后同样的事情会让男人觉得她是一个长不大的孩子；热恋时男人的不拘小节，如今在女人眼中也会成为邋遢与惰性的表现。

俄国思想家赫尔岑说过一句至理名言："人们在一起生活太密切，彼此之间太亲近，看得太仔细、太露骨，就会不知不觉地，一瓣一瓣地摘去那些用诗歌和娇媚簇拥着个性所组成的花环上的所有花朵。"中国有句老话说："今生的同床共枕，是几世修来的缘分。"夫妻双方应该为此感到开心，也不要时刻都黏在对方的身边，要给彼此留有一定的个人空间，使得各自都有一些自由，这样既保持了某种神秘感，也可以在婚姻的马拉松当中表现得更从容。

刚结婚时，虹常常要求丈夫陪她，陪她一起散步，一起打球，一起看电视，即使是丈夫不喜欢的节目，虹也要他陪自己看完。因为虹认为，相爱的夫妻就应该这样形影不离、亲密无间。那时丈夫哪怕离开虹一分钟，虹都会追问："有什么事？""到哪儿去？"

虹的过度依赖很快便使丈夫难以忍受，于是丈夫下班后总是在外面待一会儿再回家。即使在家里，他也总是很晚才睡。他希望虹睡了以后，自己可以安安静静地上网或者看电视，享受独处的静谧与放松。

丈夫的做法让虹感到很受伤害，她愤愤地问丈夫："为什么要有意疏远我？"

丈夫沉思了一会儿，回答说："平常在外面，每当一有和朋友聚会的念头，我就会想到你的习惯，于是，我就马上打消了这个念头。老婆，你知道吗，你的过分关怀几乎让我喘不过气来……"

虹听后顿感不妙，她可不想因为自己的过分关怀影响夫妻感情。于是，虹反躬自省，赶紧做出保证："从现在开始，我们要做到亲密而有间，我给你自由。"

"真的还是假的？"丈夫用带有怀疑的眼光问道。

虹用极其肯定的语气回答说："当然是真的！"

丈夫感激地将虹拥进怀里："宝贝，好好给我当太太吧！这一地位已经够尊贵的了，何必还要费力不讨好地兼职当保姆呢？"

从此，虹不再要求丈夫把所有的业余时间都留给自己，丈夫下班回来后如不主动汇报一天的活动详情，她也会收敛起无穷的好奇心，绝不追根究底地去问个明白。

终于有一天，虹的丈夫在客厅踱来踱去，忍不住地问虹："奇怪，你怎么不问问我最近都干了些什么？"

虹暗自偷笑："我当然想听，但是不包括你不想说的那些。"

就这样，虹"以退为进，以守为攻"，终于赢得与丈夫共享秘密的权利。

夫妻彼此相爱，并不意味着业余时间都要在一起，更不意味着夫妻双方的合二为一，而应该给对方留一些空间和自由；否则相处时间越久，夫妻之间的依赖性也会越强，以致自己丧失了单独活动的能力，比如妻子不会开罐头，丈夫不会挑选领带；当妻子生病的时候，丈夫就手足无措；当丈夫出差的时候，妻子就感到孤独无助。

更糟糕的是，合二为一的生活，将对方的独立性和个性的发展限制住了，这样无疑会伤害对方的情感，那么这种亲密关系最终会导致情感危机。心理学家曾对长期腻味在一起的夫妻做过调查，结果发现有些夫妻常为爱人对自己关照得过分而恼火：丈夫抱怨妻子关照、过问太细或是唠叨太多，自己缺乏安静的时候，自己成了"妻管严"；妻子则埋怨对方什么都要问，什么都要管，自己没有一点空间，称丈夫有"大男子主义"。

俄国作家契诃夫曾把爱妻比喻为月亮，但他却不愿爱妻夜夜出现在他的房间。有人戏称夫妻最好"等距离相交，远距离相处""距离产生美"，这些话不无道理。就像冬天的刺猬，太接近了会伤害到彼此，离得太远又无法取暖，夫妻还是留有空间、不即不离为好，这样做在一定程度上可以恢复恋爱时的那种朦胧美，增加夫妻之间的依恋感。

何况，夫妻二人在给对方留有空间和自由的同时，也解放了自己。因为一颗心不用完全寄托在对方的身上，自己有时间去和朋友、同事聚会聊天，或去充电学习，或去美容健身，每天神采飞扬，气场光芒万丈……慢慢地，对方开始担心，你怎么不在意他了？他的目光开始转回到你的身上，他看到了你的美正是因为你挪出的那段空间和拉开的那段距离。每个人都会有审美疲劳期，习惯了就不再觉得美了。

两个人的未来，靠双方一起创造

尽管婚姻中的问题不断，尽管夫妻之间存在着一些分歧，但这并不能代表生活是不和谐的。不管怎样，夫妻永远是最忠诚的"婚姻合伙人"。要想让你们的感情更加亲密，要想让你们共同的理想成为现实，你们必须彼此团结，气场相容，共同规划，形成"统一战线"。这时候的你已经不仅仅代表着一个个体，而是代表着一个家庭、一个团体。要想让你们的感情得以延续，两个人就要共同来承担为未来而努力的义务。这不单单是拥有大房子和名牌轿车的梦想，还是对两个人感情生活的一种维护。当心中的梦想一个一个成为现实，夫妻双方的感情也因此变得更加稳固时，你会发现原来彼此都成长了，都更爱对方了。

美丽而芬芳的爱情之花，绽放在真实的生活里同样芬芳，并且令人陶醉，但是，要想花儿常开不败，就需要灿烂的阳光、充足的水分和丰富的养料，而这些都需要两人共同的努力。因此，除了情投意合之外，两人要拥有相同的气场、一样的理想，并且愿意为之努力，才能在这个美妙的花园中收获属于自己的一片花海。

无论你在恋爱时受到他多少的优待，都一定要知道，你们不是王子和公主，除了风花雪月，还要考虑过好你们的物质生活。但家庭里的经济来源不是单方面的，非要如此的话，被精心呵护的一方很可能变成对方的玩偶，说不定等对方"玩"够了的时候会说一句："你什么都没付出过，凭什么只是享受？"然后堂堂正正地将你扫地出门。因此，如果夫妻想让彼此间的爱情根深蒂固，生活水平能更上一层楼，就要全心全意为共同拥有的爱情城堡添砖加瓦。

在恋爱时，当男女彼此互诉衷肠后，接下来要做的就是共同奋斗。在各自的事业中，各有所成，相互搀扶和鼓励，这种模式是最值得众多夫妻效仿的。如在一对夫妻中，丈夫是一位杰出的工程师，妻子是一位具有商业背景的优秀的企业管理者，各自在专业领域发展，相辅相成，日后两人事业有成、羽翼丰满时，携手共同创业，就可以拥有在经济上更优越的婚姻生活。

许多夫妇从年轻时起，就携手共创事业，编织美丽的梦想，全力以赴，终必有成。

　　小小和方军在大学的时候就相识了，那时候两个人对未来有无限的畅想。方军经常对小小说："小小，将来咱们会有大房子，也会有自己的车，等咱们结婚以后，每年都可以去旅行，去香港九龙购物，去法国看埃菲尔铁塔……"尽管小小觉得方军说的话有些不切实际，但是还是很愿意听，每当方军说起他们的未来，总能给小小带来无尽的遐想。

　　大学的生活美好却又短暂，转眼就到了毕业的时候。方军和小小都找到了工作，两人决定一起在这个举目无亲的城市里打拼，并办理了结婚手续，简简单单请几个朋友吃了顿饭，就算把婚事办了。尽管寒酸了些，但两个人还是很幸福。

　　很快方军得到了晋升的机会，小小的工作也有了起色。经过一年的努力和节衣缩食，他们有了5万元的积蓄。这时候方军乐观地对小小说："小小，看到了吗？我们已经有了买一平方米房子的钱了。"听着方军对未来美好的描绘，小小眼中充满了幸福的泪水，并暗自下决心，也要为实现他们恋爱时的梦贡献自己的力量。

　　就这样日复一日，方军总是带给小小无限的希望，从靠着工资吃饭到通过投资理财赚取额外收入，账户存款的数目也越来越大。经过一段时间的思考，两人经过协商，毅然辞掉了工作，开始下海经商，尽管也遇到不少风浪，但最终还是坚持了下来，公司的运行也日趋平稳。小小终于知道，原来方军的理想并不是虚无缥缈的，大学时代的理想就像预言一样一个又一个实现了，这让她觉得无比幸福，对生活充满了希望。

　　恋爱的时候，我们总是有着这样那样的遐想，但是，将这些理想一一实现绝对不是动动嘴皮子就能办到的事情。它需要两个人坚定信念，相互支持，共同努力。小小和方军就做到了这一点，他们没有把曾经的规划当成是一纸空文，而是把自己当初说过的话深深埋藏在心里，并为此努力拼搏。尽管几经风雨，依然百折不挠，最终将理想变为现实。也许这就是爱情最真挚的表现，人们常说："婚姻是需要经营的。"多少人认为幸福是自己人生的一种奢侈品，却不知道，幸福就在他们身边，只不过他们在婚姻道路上丧失了对理想的忠诚和信心罢了。

一些情感杂文里常常提到这样一句话："婚姻是爱情的坟墓。"其实不然，如果你懂得经营自己的感情，婚姻就会成为一个崭新的开始。婚姻同样也是让一对伴侣不断成长、不断成熟的过程。常言道："患难之中见真情。"这句话放在婚姻生活上最为贴切。当两个人为了共同的心愿而心甘情愿挥洒他们的汗水和泪水时，他们一定会相依相偎，走得更加坚定。有位哲人说得好："理想不等同于梦想，因为理想会指引人们付出行动去实现它，而梦想仅仅停留在一个梦的基础上。"两个人如果想让自己的未来燃起希望之火，首先就要将家庭的"战略合作伙伴关系"建立起来，将彼此的理想集中在一条战线上，并源源不断地为自己的家庭创造更多的物质财富和精神财富。

人生有时就应该是这样，时刻牢记对生活进行共同规划，不但让彼此觉得对方是自己忠实可靠的伙伴，也能让两个人的关系更加甜蜜融洽，又可以收获牢固的信任以及互相扶持的动力，始终觉得对方是真正值得终身托付的人。不要因为单纯地享受激情而忘记生活的真谛，也不要一味任性失去了将爱情升华的实际和基础。

爱情路上难免会遇到一些坎坷。在你们面前，也会有许多难以越过的关卡，但是别忘记在恋爱萌芽的时候，你们一起许下那么多美好的愿望。用耐心和时间化解那些不必要的矛盾，花些时间为理想去积极筹备。当然，努力

不是无限期地盲目地卖力气，不是明知方向不对还要一股脑儿去做，而是将需要办好的事情在后边加上个"最后解决时间"，要将人生规划得完美，克服其中的困难，也需要夫妻共同的智慧和默契的配合。

女性的柔情，最能俘获男人的心

女人一定要温柔，因为温柔才是女性俘获男人最"霸道"的气场。温柔似水，才能以柔克刚。如果你认为自己没有聪明的头脑、广博的才学；如果认为自己没有美丽的容貌、苗条的身材；如果你认为自己不具有独占鳌头的气场，不要独自悲伤，因为至少你还拥有女人特有的温柔。当你用温柔的语调与男人交流，当你用温柔的眼神注视着他时，世界上没有任何一个男人可以抵抗这种温柔的力量。这种柔情能够渗透到男人的心里，让他倍感舒适，倍感温暖。

每个女人都希望把男人的心牢牢地抓在自己的手里，然而想做到这一点，光靠蛮力是不行的，这是对女人情商的一种考验。俗话说得好："女人需要男人疼，男人需要女人爱。"作为女人要想真正了解自己的男人，首先就要学会温柔。

婚姻中的沟通是要讲求策略的，爱情也有三十六计，温柔的语调就是其中一计，不管你在经历怎样的情感生活，温柔永远都是女人的重要武器。

王慧和李飞结婚不到半年，却天天为了周末在哪里度过而吵架。

第九章　婚姻之中，别让自己的气场过于"放肆"

"凭什么啊，凭什么又要到你家去吃饭啊，各吃各的有什么不可以的？"王慧一脸委屈地向老公发问道。"就因为咱俩老不回家吃饭，我妈刚才在电话里把我骂了个半死。不过说句实话，我妈也不是傻瓜，咱俩老这么躲着她，她一定会看出来的。"李飞可怜巴巴地对王慧哀求道。"看出来也没啥！"王慧开始嘀咕起来。"我们老到你家那边吃饭，我家那边肯定会有意见的，上周不是刚刚去过你家了吗？一个多星期没见，我妈肯定想我了。好老婆，今晚就到我家去吃饭吧，咱们明天再去陪你爸妈行吗？我今天晚上要是不回家吃饭，我就死定了。"李飞苦苦哀求着。"不行！要回你自己回吧！我得回去陪我妈！说真的，我一见你妈就犯怵，那么多要求我可受不了，真让人害怕。""怕什么啊，有我呢，她又不会吃了你，最多训你几句而已。你就应该多向我学习学习，脸皮厚一些就没事了。我妈怎么骂，我左耳朵听右耳朵冒，要不然早被气死了。"李飞用恳切的目光央求着王慧。

"哎呀，算了，听你的，回家吧。臭老公，怎么这么烦人啊？"见老公如此的为难，王慧实在是不忍心了，用娇滴滴的声音温柔地答应了。"啊，老婆大人，你实在是太好了，太通情达理了，爱死你了，明天就是再忙我也一定跟你一块儿回你家吃饭。"李飞激动地称赞着自己的老婆。"你才知道我好啊？娶了我，你就是中大奖了，那是你几辈子修来的福气。""那是当然了，你是我这辈子最大的幸福。""不行，你今天欺负我了，作为偿还，你必须亲亲我、抱抱我才行呢！"话说到这里，王慧开始跟老公撒起娇来，这招李飞的确很受用，他赶快把娇妻抱在怀里，亲吻着她的脸颊。

头一天在婆家吃完饭，第二天一大早，王慧和李飞两口子就去了娘家。李飞买了很多礼物给老丈人，结果可以说是皆大欢喜。后来李飞也常常在外人前夸奖自己的老婆善解人意，自己能找到这样的老婆真是幸

福了。

　　女人特有的武器就是温柔，哪个男人不害怕这样的"武器"呢？但也有很多女人忘记了温柔，她们虽然每天把家务做得很好，但因为脾气坏，总是吆喝孩子，指责老公。这样的女人就不温柔。于是老公的心思发生了变化，她又会拿自己的付出来说事，不明白自己为什么落得这个下场。然而她自己没有意识到，这样的结果完全是由自己亲手造成的，身为女人，不单单要勤俭持家，还要学会和丈夫互相取悦，保姆、管家婆不是男人真正需要的，男人需要的是一个温柔的、善解人意的老婆。

　　有的时候婚姻就如一杯白开水，你放糖进去它就是甜的，你放醋进去它就是酸的，你放苦丁进去它就是苦的。得到幸福有时候并不是那么困难的一件事情，关键就在于你怎么去经营自己的婚姻，调整两个人之间的关系。出现矛盾也好，有了冲突也罢，只要你善于运用自己的温柔，就没有什么难以解决的问题。夫妻是婚姻的主角，世界上很少有一个男人喜欢和一个讲话粗野、行为泼辣的女人长久地生活在一起。尽管抱得美人归是每个男人心中的梦想，然而并不是所有人都能如愿。作为一个女人，你可以没有倾国倾城的容貌，但你绝对不能失去面对男人时的体贴入微。有的时候，温柔的语调就是一根无形的绳索，它可以帮助女人牢牢地拴住男人的心。男人最讨厌的就是一哭二闹三上吊的老把戏，真正的好女人，更懂得如何经营自己的爱情。请用柔声细语代替河东狮吼，用温柔的安慰代替满腹的埋怨。当你把最为美妙的声音、细致的言语给予老公的时候，自己也收获了温暖和幸福。

　　有时候，婚姻就是这样，用温柔去赢得男人的心吧！只要你真的用心去做了，就一定能得到回报。当你用温柔把男人的"面子""里子"都给足的时候，他就乖乖地变成了感情的俘虏，在你身边久久不愿离去。

让赞美成为一种习惯，家庭将充满阳光

欣赏和赞美是夫妻关系的黏合剂，是培养好男人的优质土壤。千万不要吝惜对丈夫的夸奖，男人一分好，女人要夸三分，这样不仅男人的气场和魅力会与日俱增，而且会收到意想不到的效果。要想家庭美满，欣赏和赞美是必不可少的，这会让对方时刻感受到你的爱。

当他辛苦一天回到家后，真诚地送上一句"你辛苦了"，他会感到无比幸福和温暖；当他端着可口的饭菜送到你面前时，你千万不要忘了说声"谢谢"；当你依偎在他宽阔的肩膀躲避风雨时，当你心中的坚冰被他温暖的目光融化时，你也不要忘了说声"谢谢"。用你的言语绝对能夸出一位好老公，只有不吝惜你的赞美之词，才能让他感受到你浓浓的爱意，婚姻才会变得更加幸福美满。

汤姆·琼斯顿的一条腿因为战争落下了残疾，腿上疤痕累累。但让他感到欣慰的是，他还能够从事他喜欢的游泳运动。

在他出院以后的一个星期天，他和他的太太去海滩度假。琼斯顿先生在做完冲浪运动后，躺在沙滩上享受日光浴。不久，他发现大家都用异样的眼神盯着他看。从前他并没有觉得自己的腿有多么显眼，但是现在他知道了。

第二个星期天，他的太太提议再到海滩去度假。这次琼斯顿拒绝了，他宁可待在家里也不愿去海滩。他太太却有自己的看法。

"汤姆，我知道你不去海滩的原因。"她说，"你开始对你腿上的伤疤产生自卑了。"

"我承认我太太说得对，"琼斯顿先生回忆说，"然后她向我说了一些我一辈子也不会忘记的话，这些话使我的心里充满了喜悦。她说：'汤姆，你腿上的那些伤疤是你勇气的象征，这些伤疤让你赢得了光荣。别遮掩它们，这些伤疤是你的骄傲，是它们让你得到了奖章。现在就出发，咱们一起去游泳吧。'"

琼斯顿这次认同了太太的说法，他心中的阴影也因为太太的赞美之词而消除，甚至这些伤疤让他有种引以为荣的感觉。

赞美是一件很棒的事情，如果你觉得对方很好就应该说出来。琼斯顿太太的话让丈夫得到鼓励，消除了他心中的阴影。赞美的力量是正面的，它就像是一盏明灯指引着黑夜里的行人，因为它的存在让人有了更大的勇气。

反之，如果你只会挑对方的毛病，再爱你的人也会对你产生不满。

小婷跟林峰结婚两年了，家里有房有车，日子过得还算滋润。有一天林峰突然提出离婚，让小婷措手不及，可林峰非常坚决。离婚手续在一周内匆匆办完，林峰的办事效率让小婷觉得他在外面有了女人。

林峰的同事张鹏经常带着老婆出去玩，这曾让小婷非常妒忌。小婷多次跟林峰说起她的感受，刚结婚时他还用"以后多带你出去玩"来搪塞，后来干脆不搭理了。

他的表现让小婷觉得他婚前说的甜言蜜语都是骗人的。这样的林峰和想象中完全不一样，小婷觉得没必要过多争取了。所以，尽管小婷很难过，依然爽快地和林峰离了婚。只是，他的外遇对象是谁？他是不是也对那个女人花言巧语？这个问题一直堵在小婷心里。

三个月后的一天，林峰给她打电话，说有了理想的伴侣，想在结婚前跟她吃顿饭。小婷心里忽然难过起来，却笑着说："'接班人'找得还挺快，要不带上那位，让我也欣赏一下？"

见面那天，小婷特意去了趟美容院，她可不想输给林峰的"理想伴侣"。可林峰是一个人去的，看起来成熟稳重了不少。

林峰说："你比以前更漂亮了。"

小婷笑了，笑容却有点苦涩："以前我要是漂亮，你还能有外遇？"

他顿时愣住了："什么外遇？开玩笑吧，我怎么会有外遇？"

小婷说："你要是没外遇，怎么会和我离婚，还骗我？"

林峰苦笑着说："小婷，我没有外遇，从来没有过。你不知道以前我是多么爱你。"

小婷问："那你干吗和我离婚，还对别人说受不了我之类的话？是我没别的女人漂亮，还是我挣钱太少？"

林峰喝完了杯中的酒，苦笑道："和你直说吧，我爱你，可是受不了你从来不给我一两句赞美或鼓励的话。我每天那么辛苦地为了这个家，回来后你却总拿我和别人比较，说我不如这个，不如那个，我心里憋屈。"

小婷的泪唰地流了出来，脸上却带着笑："我说过你没用吗？你为什么不提醒我呢？"

林峰说："我提醒过你，可你一直那样。"

这竟然是离婚的真相。

当从爱情走向婚姻，生活也许会趋于平淡，两个人没有了热恋时的如胶似漆，没有了花前月下的浪漫，但一句赞美、一个拥抱，一杯消除疲劳的清

茶，都是一种对爱的表达，这对爱情来说也是一种延续。

在婚后的生活中，男人、女人都需要赞美。伴侣的赞美会让对方感到温暖，因为他心中最重要的人就是伴侣，所以，女人千万不要把你的赞美之词藏起来。你想让你的丈夫给你做可口的饭菜，你就要用厨艺高超的话来夸奖他；希望你的男人能帮你多多分担一些家务，你就要夸他勤快能干。

女人要在生活的点滴中发现丈夫的优点，当赞美变成了一种习惯，你就会发现你的男人气场越来越强，魅力越来越大，对你越来越好，你们的生活将到处充满阳光。

家庭需要和睦，而不是你的独断专行

在家里，很多女人大事小事都喜欢自己做决定，并且始终认为自己的任何决定都是对的，对家庭、丈夫和孩子都是有百利而无一害的，这是现实里现代女性霸气的气场。但是女人有没有想过，一个完整的家庭不是只有你一个人，还有你的丈夫和孩子，他们也是这个家里的主人，在遇到任何事情的时候，主观意识的气场不要太强，凡事都和家人多商量着去决定。只有大家都同意了，才不会产生矛盾，家庭也会更加和睦。

在雷霆几十年的婚姻生活中，他和妻子从没红过一次脸，感情非常好。因此，他们家还多次被街道、区、市评为"五好家庭"。

雷霆说："在恋爱时我送过她日记本、书之类的东西，结婚后我再也没有送过她任何礼物，妻子并没有因此而埋怨过我。因为她知道，家里不管是大事还是小事，我都会和她商量。家里需要买什么大的东西，当然要商量；逢年过节，走亲访友需要送什么礼物，要商量。如果遇到合身的衣服，并且价格合理，我就买回来；如果妻子认为价格太贵，她就会记住衣服的样式，我们一起去扯一段相同的面料，画好图样给裁缝，让他依样缝制，往往是花更少的钱，买到了我们喜欢的衣服。虽然我们的生活听起来很平淡，但我们自己觉得家里充满了温馨，生活挺美满的。"

商量，体现了你对对方的尊重和信任，可以让对方明白，你们是平等的，都是这个家的主人；商量，还能表达你对对方的欣赏和依赖，让他感觉你离不开他，让他感觉到自身的价值，感到他在你心目中的重要与珍贵。

凡事多和对方商量，即使想送老公礼物，也要问问他，想要什么，然后一起去挑，一起去买。买完之后，和他静静地坐在公园的一隅；或者找间茶室坐下来，品一杯香茗，回忆一路走来的美好。也许，少了一点意外惊喜，但同样是一种浪漫，一种宁静的浪漫、踏实的浪漫、成熟的浪漫！

刘大爷今年已经91岁高龄了，而陈奶奶也已经80岁了，他们育有6个子女。他们历经了婚姻60年的风雨，感情异常真挚，不管做什么事，两位老人总是形影不离。"我们在年轻时遭过很多罪，分分合合许多次。现在生活水平提高了，我们年纪也大了，更要珍惜好时光。"陈奶奶说道。

两位老人虽然年纪大了，但是身体都还算硬朗，而且性格都很开朗，和周围的邻居都能和睦相处。在家里，老两口明确分工，陈奶奶腿脚不好，刘大爷就做扫地拖地这样的家务，而陈奶奶一手包办了炒菜做

饭的家务。有一年，陈奶奶中风了，连床都下不了，子女虽然都来照顾她，但当时年近90岁的刘大爷才是最辛苦的人，他不但给陈奶奶端茶倒水，还成了她的精神寄托。为了让老伴能够重新站起来，刘大爷每天扶着陈奶奶在床边练习走路，一步一步，一天一天，现在陈奶奶已经可以自如地上下楼了。陈奶奶说："如果没有老伴的鼓励和帮助，我身体哪能好这么快？"

他们不仅在生活上相互扶持，而且他们的生活充满了情趣。每天早上五点半，夫妻两人都早早起床，一起下楼去晨练，锻炼一个多小时后，再一起到市场去买菜。邻居们看到形影不离的老两口，总是交口称赞。而刘大爷和陈奶奶也常向人说，夫妻和睦之道其实也蛮简单，那就是遇到大事小情都要商量。

在日常的生活中，夫妻之间有事情应该共同商量，闲暇的时候多聊天多沟通，会让对方感受到自己的存在感，婚姻幸福的秘诀不过如此。如果什么事情都擅自决定，就会引发各种各样的矛盾。夫妻俩是平等的，任何事都商量着去做，不仅会达到事半功倍的效果，而且会在商量的过程中真实体会到彼此存在的重要性，从而也让夫妻关系更加紧密，婚姻更加幸福。

家是讲情的地方，而非讲理的场所

在家庭中，发生争执是常有的事情，有的时候争吵就是夫妻之间的一种交流。家不是讲理的地方，而是讲情的地方。也许你刚刚和他步入婚姻的殿堂，双方的气场、个性十足，无法完美地融合到一起。这时，也许你们还没有学会怎样经营婚后的感情，也许你们之间的磨合经常让你们感到困惑，但你们还是在这条幸福之路上走得如此坚定。不要犹豫，你们还是相爱的，就算你们是一对"冤家"，眼前也都成了一根绳上的蚂蚱，只有将这份感情经营得更加和谐，才能拥有真正的幸福。

当你们微笑着迈向婚姻的殿堂，希望自己的浪漫生活能够长久延续下去时，却忘记了自己也要做好面对矛盾隔阂的准备。毕竟两个人从小没有在一起长大，生活习惯不一样，成长经历不一样，气场不一样，对事物的看法也不一样。在恋爱的时候，我们也许会容忍对方一些不尽如人意的地方，但是当两个人朝朝暮暮生活在一起时，那些杂七杂八的小事，很有可能会引来一番两口子间激烈的争吵。老人说："炒菜做饭，没有不碰锅碗瓢勺的。"夫妻之间磕磕绊绊是经常出现的事情，怕就怕两个人都较起真儿来，非要说出个谁对谁错，才肯罢休。

其实，家真的不是讲理的地方。有的时候吵架就是小两口的一种交流方式，将彼此的不快通通说出来，免得憋在心里难受，但是吵架以后，还是要开开心心地过日子。给对方一个台阶下，事情过去也就过去了，不能揪着不放，总是翻旧账。有的时候，婚姻就像一个空盒子一样，你往里放的东西越多，得到的也就越多。家不是一个讲理的地方——这句话听起来似乎毫无道理，但这句话是多少夫妇在难解难分的是非中梳理出来的"真理"。虽然并不像我们想象中那么了不起，但经历过的人方才明白其中的道理。用感情这根鞋带，牢牢系住婚姻这双鞋，脚踏实地地走在人生的道路上，到达幸福的彼岸，鞋带难免有松的时候，就要靠两个人的双手来系紧它。所以，家庭生活中，沟通和聆听才是最好的交流方式。婚姻的最高境界就是相互理解，形成默契。婚姻生活中，有一种感动叫相亲相爱，有一种感动叫相濡以沫。

　　孙晓和赵平认识已经有两年的时间了，两个人相处得还不错，在2009年的春天走进了婚姻的殿堂，过上了幸福滋润的小日子。

　　刚开始的时候生活还比较和谐，但慢慢地两个人都发现对方的很多毛病。孙晓每天起来就习惯来到大衣柜前面"相面"，一会儿看看这件衣服，一会儿试试那件衣服，然后还要画上一小时的妆。对于做饭炒菜这样的事情她总是躲得远远的，还振振有词："这么脏，我可不干。"赵平呢？回来以后就把袜子衣服到处乱扔，然后慵懒地躺在床上，什么也不干，而且还有一个让孙晓难以忍受的坏习惯，就是他上完厕所以后经常忘记冲马桶。就这样两个人经常为一点鸡毛蒜皮的小事吵架。赵平抱怨孙晓就知道臭美，自己回家连一口热乎饭都吃不上，孙晓怪罪赵平不讲卫生，把家里弄得到处脏兮兮的。就这样，两个人吵起来谁也不让着谁，都觉得自己有理，感情也越来越不好。

　　一次赵平和孙晓又吵架了，两个人仍旧互不相让，赵平一气之下出去找朋友喝闷酒，孙晓一个人在家里哭泣。万般无奈之下，她拨通了妈妈的电话诉苦，听了孙晓一连串的抱怨，妈妈劝慰她说："孩子，家不是一个讲理的地方，你们需要的是彼此适应。有句老话说得好，过日子哪有勺子不碰着锅沿儿的。当初我和你爸爸结婚的时候也没少吵架，但慢慢就彼此适应了。你们现在年轻，还经历得太少，你们要学会彼此宽容和忍耐，才能安安生生地过日子。既然你已经嫁给了他，就要学会适应他，不要过分地去与他争吵，时间一长会影响你们之间的感情……"听了妈妈的一番教诲，孙晓也耐心地想了好几天，父母之所以能一起度过大半辈子，携手到老，主要就在于他们彼此的包容和理解。妈妈说得很对，家真的不是一个讲理的地方。

　　就这样，孙晓开始学着适应赵平的一些习惯。赵平看到老婆不再和自己争吵，也自觉地开始做出改变，不再把衣服袜子到处扔了，也知道冲厕所了，每天回来还能吃上媳妇做的饭，两个人过得越来越和谐，很少争吵。

俗话说"家家都有本难念的经"，很多人苦恼怎样才能保持家庭的和睦，可是做了很多努力还是不能避免争吵的发生。随着时间的推移，夫妻之间感受不到彼此的温情，还有的夫妻更难以摆脱"七年之痒"这个"魔咒"，让期望中的家庭和睦逐渐变成了不堪重负的精神枷锁。

一加一等于二，这是连三岁孩子都知道的。但在婚姻里，正确和正确相加，按常理来说，应该是百分之二百的正确，但事实似乎不是这样。家是讲爱、讲情、讲义的地方；家是讲宽容、理解和忍让的地方，所以，家不是讲理的地方。居家过日子，有情有爱，才是幸福的港湾，才是美丽的花园，两个人的关系才会更亲密、更美好。

第十章　掌控了气场，
就驾驭了自己的幸福人生

别在不经意间，忽略了身边的风景

西方有句格言："不要为已经打翻的牛奶而哭泣。"是啊，牛奶已经打翻在地，再多的哭泣和泪水都是无济于事的！

生命中有太多的得失，也许没有人不会为失去太多感到遗憾和痛苦，但是失去的已经失去，很可能永远都找不回来了。如果我们总是执着于感伤，就会在不经意间忽略掉身边的风景以及未来可能发生的惊喜，不能不说是一种得不偿失。如果你一直在为失去的东西而苦恼，你不仅会因此让自己更加郁闷和烦躁，身上积极的气场还会逐渐消失。

所以，不要把过多的精力投入已经打翻在地的牛奶上，让昨天的失去永远定格在昨天，才是获得安慰和快乐的最佳心态。

格林一家在意大利旅游的途中遭遇了劫匪的袭击。在这场劫难中，他们7岁的小儿子尼古拉不幸中弹，永远地闭上了眼睛。这对于任何一个为人父母的人来说，都是一场噩梦，格林夫妇也不例外。

然而，就在医生证实尼古拉的大脑确实已经死亡之后，作为父亲的格林立即做出了决定，同意将儿子的器官捐出。于是，在4个小时之后，尼古拉的心脏被移植到了另外一个14岁的年轻身体里，治愈了那位男孩从小到大随时会发作的先天性心脏病；而尼古拉的肾则使两个先天肾功

能不全的孩子有了活下去的希望；接着，一个19岁的少女获得了尼古拉的肝，从而脱离了生命危险；而两个意大利人因为得到了尼古拉的眼角膜而看到了生命中的第一缕阳光。

记者问格林夫妇为什么会在孩子遭遇不幸之后做出这样的选择，格林先生说："我们不恨意大利人，也不恨意大利这个国家。我们唯一希望的是那个杀害我儿子的凶手可以有所忏悔，反思一下在这样美好的国度里，他们犯下了怎样的罪恶。"

人们对来自美洲大陆的旅游者夫妇既感到同情，又感到敬佩。虽然他们的脸上总是挂着掩饰不住的痛苦与悲伤。但是，他们在事件发生后所表现出来的自尊与慷慨大度，却令意大利人感到十分羞愧。

有一件事情是我们不得不承认的，我们很多时候的沉沦是因为我们自甘堕落；我们很多时候远离崇高，是因为我们拒绝崇高。

虽然我们不是圣人，但我们没有理由不努力向圣人、向英雄靠近一些。"人皆可以为尧舜"，这其实是真理。面对已经失去的东西，与其痛苦地呻吟，不如坦然地接受。

通过这个故事，我们可以看出格林夫妇虽然遭遇了一场横祸，但在这次事故中我们看出了他们人性中最光辉的那一面。而这种光辉又具备着一种难以言喻的神奇力量。我们每个人都有责任让自己的生命绽放出这样的光亮来，哪怕这种光亮十分微弱，并不足以为别人照亮道路，但那至少可以点亮我们自己的人生，让我们的步伐变得更加坚定有力。

波尔赫特是一位在世界戏剧舞台上活跃了50年之久的著名话剧演员，她曾经塑造了各种经典的舞台形象。

但是，就在她71岁时，她却意外地遭遇了破产。更加糟糕的是，就在这样的心理打击之下，她还同时遭受了生理上的打击。在乘船的时候，她不小心在甲板上摔了一跤，以致她的腿部遭受到了严重的创伤。医生们认为只有把腿截去才能使她转危为安，但是他们很害怕将这个事实告诉给波尔赫特，他们担心她承受不住这样巨大的打击。

然而，事实证明，医生们的担心根本就是多余的。当波尔赫特得知这个消息时，并没有像别人预想的那样表现出极大的悲伤，而是十分平静地说了一句："既然没有别的更好的办法，那就这么办吧。"

手术那天，波尔赫特在轮椅上高声朗诵戏里的台词，后来，有人询问她那时是否是在安慰自己。她回答说："不，我已经接受了这个事实，根本不需要什么安慰。我之所以朗诵台词是为了安慰那些为我做手术的医生和护士们，他们实在是太辛苦了。"

等到病情稳定下来，波尔赫特出院了。之后她继续到世界各地去进行演出，就这样，她又在舞台上表演了7年。

波尔赫特这样豁达的心态是值得我们每个人学习的，坦然地面对眼前的现实，然后坦然地接受一切。切勿总是沉湎于已经失去的东西之中而无法自拔，我们需要做的不是回忆过去，而是需要积攒新的力量，重新获取新的希望。为了失去的东西而伤心难过，不是解决问题之道，有时间伤心难过，还不如去争取新的希望。或许你在这方面失去了一些，但你会在其他方面获得你意想不到的东西。当生活这本书翻过一页的时候，不要因为留恋过去的情节而停止阅读，而是应该在接下来的时间去享受更为精彩的内容。

泰戈尔有一句著名的诗句恰到好处地诠释了得与失的关系："如果你因为失去月亮而哭泣，那么你也将失去群星。"对于失去的东西而言，它已经成了永远的过去，重要的是我们不能让心一直停留在过去。人生不过百年而已，如果我们总是把过多的时间都耗费在对失去的东西耿耿于怀上，那实在

是一种难以想象的巨大浪费。

所以，当牛奶打翻之后，你最应该做的不是哭泣，而是平静地接受这个现实，然后重新给自己倒上一杯。毕竟过去已经成为过去，更重要的是珍惜现在，只有丢掉那些因为失去而产生的烦恼，你才能够轻松上路，永远气场十足地去迎接人生的每一个艳阳天。

享受每一天，享受气场带来的正能量

有这样一些人，整日忙于工作，似乎每天都有忙不完的事情。他们渴望享受生活，比如去旅行一次，比如美美地睡上一觉，可是这些愿望总是因为一些所谓的理由与他们擦肩而过。

毫无疑问，生活节奏的加快已经让很多人处于亚健康状态，整天不得清闲，周身的气场都混乱不堪。很多人因为奔波忙碌，享受不到生活中原有的那种快乐。生活中充满了各种诱惑，因此人就产生了无穷无尽的欲望，直到成功了，回首往昔，才会发现人生的真谛被我们忽略了。就像王羲之在《兰亭集序》中所发的感慨："向之所欣，俯仰之间，已为陈迹，犹不能不以之兴怀。况修短随化，终期于尽。"

生活就是一场旅行，它的美丽就在我们沿途走过的风景中，展现在平淡的日子里。只有用心才能发现生活的美：清晨有朝阳的绚烂，傍晚有落日的静美。难道这些不值得我们驻足欣赏吗？

人生苦短，我们只有全身心地享受每一个今天，把今天当成人生的最后一天来过，才不会有人生易老的悲叹。因为我们虽然无法延长生命的期限，却可以拓宽生命的宽度。

用心去享受生活的每一天吧，在这个过程中你会发现生命的厚重！

有一个人找到了上帝，然后向上帝诉苦："为什么别人总能够那么幸福，而我却总是如此不幸？"

上帝反问道："你认为别人都比你幸福吗？"

"至少大部分人是这样。"

"那么，好吧，现在你可以去找一个你认为他过得很幸福的人，然后，我把你们的生活互换过来。"上帝允诺。

于是，这个年轻人找到了那个在他看来最富有的人，幻想着无比美好的生活，比如每天吃饭都有六七个仆人在身旁伺候。在告诉了上帝他的决定之后，他开始过起了富人的生活。

起初的几天，他还觉得耀武扬威，得意得很。可不到三个月，他就受不了了。他发现自己每天都要接几十个甚至上百个电话，经常陪客户吃饭，应酬到深夜。他感到自己的身体状况越来越差，头疼、失眠等接踵而来。他发现自己身边都是些虚情假意、阿谀奉承的人，连一个真心的朋友都没有。

他开始怀念以前的生活，觉得那时的自己其实过得也还不错。至少不用每天这样忙于和形形色色的人打交道，说一些言不由衷的话。于是，他苦苦哀求上帝，最终回到了从前的生活中。

很多时候，我们并不是因为生活中缺乏什么而感到不快乐，而是我们被那些不如意的地方和自己的奢望蒙蔽了双眼。我们总是将过多的精力放在那些磨难上，过多地承受磨难，而忘记了轻松地享受每一天的生活。

一个农民从出生起就一直生活在偏远的农村，从来没有离开过那片土地，也从来都没有体验过大城市的繁华。

一次，一位记者去当地采访时问他："你一辈子都生活在大山里，没有过上十分富裕的生活，也没有到大城市去过。你会不会感到很遗憾，很不甘心？"

农民笑着答道："没有什么不甘心的。我吃的都是自己种出来的粮食，看着那些小苗一天天长大，我很幸福，也很知足，在这里，我每天都过得很快乐！"

能够在原野上呼吸新鲜的空气，能够在午后沐浴明媚的阳光，心灵不再有负荷，白云也变得那样洁净高远。此情此景尽显一片祥和之气，一切都令人心驰神往！

这不是神话，也不是不可实现的梦想，那些热爱生命和懂得珍惜时间的人，都会发现生命的美好。哪怕人生苦短，哪怕我们终有一天会被死亡吞没，只要我们把握住人生中的分分秒秒，我们就可以享受到这种美。

"享受每一天，把今天当成人生的最后一天。"这是电影《泰坦尼克号》主人公杰克的一句名言。滚滚红尘，能做到不为金钱所动，用心与爱人携手，抛开世俗的观念，珍惜现在所拥有的一切，这才是爱的典范。一旦厄运降临了，他们又以爱心救人，用爱心来温暖那些需要关心的人。

享受今天的灿烂，是一种真正意义上的至高境界。享受工作，享受风险，享受爱和被爱，所有的付出和回报都是人生中最大的享受。

时光荏苒，生命终有尽头，你若不抓紧时间行动，如何实现梦想？明天的你也就会为此后悔终生。生命没有贵贱之分，只有人生观价值观的区别。如果你能把自己的幸福和别人的幸福相连，爱别人就等于是爱自己，你就可以摆脱世间的纷扰，踏踏实实地过好每一天。

"享受每一天，把今天当成人生的最后一天"就是记录自己每天感受最深的事情，而这感受最深的事情也就是最真切的。换而言之，每一天所做的每一件事情都值得喜悦。生命只有一次，没有重来的机会，所以，把握生命中的分分秒秒，让你的气场十足，这才是自信的人一生中最紧要的事情。

要么驾驭生命，要么让生命驾驭你

"要么驾驭生命，要么让生命驾驭你。你的心态决定谁是坐骑，谁是骑师。"这句名言被许多人奉为经典，它充分说明了心态的重要性。

不夸张地说，心态决定了一切，那什么决定心态呢？那就是气场。这不是唯物主义和唯心主义的辩题，而是切实存在的道理。世间众生，原本并没有太大的不同，可是为什么有人成功有人落魄呢？除去先天条件、运势、环境等外在条件，大多数失败者与成功者在思维方式和气场能量上是不同的，表现在心态上，就有着很大差别。怀有远大抱负的人，往往内心坚定，充满自信的气场，他们意志顽强，相信只要自己不放弃，一直努力，就能扫除人生道路上的种种障碍，获得成功。而那些意志薄弱、优柔寡断的人，气场就相对脆弱，偶尔的挫折是可以忍受的，但如果总是遇到障碍，他们就会很快坚持不下去。因为他们缺乏积极的心态，一遇到困难就会质疑、动摇自己的想法，想的不是怎么克服困难、取得成功，而是如果失败了怎么办。俗话说，狭路相逢勇者胜。在与困境的较量中，考验的就是你有没有一个勇敢

坚定的心，否则，你可能一上来就会自乱阵脚，更别提突破困境，傲然胜出了。

任何事情都不会无缘无故地发生，我们事业成败与否就在于我们的思想、心态能否为创造我们恰当的条件。我们做事情的结果往往与我们对事情的认识和定位以及心态一致。为了有所成就，我们应该保持积极、富有创造性的思想，对事情有准确的心理预期，在执行过程中不被消极、沮丧的坏情绪占领头脑，用好的心态为自己扭转局面，创造成功。

佛经里说："物随心转，境由心造，烦恼皆由心生。"一个人快乐与否也取决于他的心态。月有阴晴圆缺，人有悲欢离合。生活中的喜怒哀乐、悲欢离合在所难免，我们不能控制自己的遭遇，但可以控制我们的气场，调整自己的心态。

美国有一位塞尔玛女士，有一段时间她的内心很痛苦，觉得生活很难熬。因为她的丈夫是一名军人，于是她也随军驻扎到了沙漠地带，营地里没有任何娱乐设施，她与当地的印第安人、墨西哥人语言不通；沙漠里的气候很恶劣，气温高时似乎能挤干人身上的水分；更糟的是，没多久她的丈夫就奉命远征去了，把她孤零零地留在营地里，受着煎熬。她整天愁眉不展，感觉度日如年。

郁闷中她写信向父母倾诉。回信很快到了，她迫不及待地拆开，却没有看到所期盼的任何安慰。信封里只有一张薄薄的信纸，上面只写了一句话："两个人从监狱的窗户往外看，一个人看到的是地上的泥土，另一个人看到的是天上的星星。"

一开始她失望极了，甚至有几分生气。因为她觉得父母不仅不能理解她的苦衷，还说这样莫名其妙的话，于是她没有回信，把信随便丢在桌子上。有一天百无聊赖中，她站在窗边往外看，一眼就看到了外面让她心生厌恶的沙漠。灵光一闪，她突然明白了父母的回信的意思。外面的风景有很多，她只注意到了枯燥乏味的东西，而忽视了有意思的景象。正是她的选择，影响了她的心理，继而影响了她对整个事情的看法。要是换一种心态，换一个视角，看到的一定是不同的景象。

　　她这么想着，也开始这么做了。这之后，她开始主动和当地人交朋友。虽然最开始只能靠手舞足蹈地比画，但她还是发现这些当地人并不像她想象的那样粗鲁无礼，他们都十分热情好客，慢慢地都成了她的朋友，还送给她许多珍贵的陶器和纺织品作为礼物。她到营地周围的沙漠里去散步，研究那里的仙人掌，一边研究，一边做笔记。通过研究她发现，原来仙人掌也可以是千姿百态、让人沉醉着迷的。那些仙人掌在恶劣的环境下仍然茁壮成长、生生不息，这让她觉得很震撼，也对生命多了一分思考和敬畏。她也开始欣赏沙漠的日出日落，看到了沙漠夜间静谧浩瀚的星空，感受着沙漠特有的自然风光。她发现生活仿佛一下子翻到了充满快乐的那一页，每天都充满了生机，时刻置身于愉悦之中。后来她回到美国后，根据自己的这一段经历写了一本书，叫《快乐的城堡》，引起了很大的轰动。

　　事情就是这样令人费解。对塞尔玛女士来说，前后仿佛是处在不同的世界中：一个世界枯燥乏味、充满荆棘；一个世界风景优美、快乐活泼。事实上，塞尔玛女士所处的环境并没有发生改变，沙漠、高温、仙人掌、当地人等，还是原来的样子。为什么她的行为和心情前后发生了这么大的改变呢？很明显，她的心态变了，所以映入眼中的一切都变得可爱起来了。过去她习惯性地低头看泥土，选择事情消极的一面；后来她习惯性地抬头找星星，选择了事情积极的一面。可见，心态变了，生活就能有改变。

　　所以，如果你不满意自己的环境，想力求改变，首先就应该改变自己的

心态。假如一个人有积极的心态，那么他周围所有的问题都会迎刃而解。积极的心态能让一个人充满自信、受人喜欢、知足常乐、备感幸福，更重要的是它还能让人改变自我、改变世界。

有个粉刷匠被一位太太请到家里粉刷墙壁。到了那儿，粉刷匠见到了那家的男主人，那是个爽朗健谈的人，可惜双目失明，粉刷匠对此觉得很惋惜。可是男主人却好像丝毫不在意自己看不到，每天都有说有笑，他们的家虽清贫却总是充满了欢声笑语。粉刷匠在那家工作得很开心，他和男主人很谈得来，他们谁也没提起过失明的事儿。

完工结账的时候，那位太太发现账单在原本说定的价钱上打了很大的折扣。她问粉刷匠："怎么少收这么多钱？"粉刷匠回答说："你先生使我觉得很快乐，他的心态影响到了我。我从前总是喜欢怨天尤人，现在我才发现自己的境况没有那么糟。所以少算的那一部分，是表达我对他的谢意。"

那位太太感动得流下了眼泪，因为这位慷慨的粉刷匠，只有一只手。

故事中的两位主角都很值得我们钦佩，他们没有因为人生的苦难而抱怨，身残心不残，他们健康积极的心态仿佛阳光一样，不仅照亮了自己的生活，也照进了别人的世界。

你不能延长生命的长度，但你可以扩展它的宽度；你不能改变天气，但你可以左右自己的心情；你不可以控制环境，但你可以控制自己的气场，调整自己的心态。好的心态，可以让你乐观豁达，帮你战胜困难挫折，保持生理和心理的健康，得到幸福和快乐。培养一个好的心态，在它的指引下尽情书写自己的人生吧。

保持空杯心态，让气场能够随意安放

人生就像大海，总有潮涨潮落。大家都喜欢潮起时的澎湃心情，也要经得起低潮时的失落和伤心。生活是一个漫长的路程，这样的潮涨潮落我们不知道要经历多少次。而没有潮落的对比，就更加没法彰显出潮涨的美丽和壮观。

所以，不要因为一次失败而去否定自己，对自己和人生失去信心，更不能失去了自信的气场。要相信，输赢只是暂时的，我们要用平常心去看待人生中的起落，要有随时都能从头再来的勇气和永不言败的气场。

1989年，大学毕业后的史玉柱开始了自己的创业之路。他向别人借了4000元钱作为启动资金，然后开始研发排版软件。这个项目让他用了短短几个月的时间，就拥有了百万余元的资产。两年后，史玉柱成立了新公司，主要销售电脑和软件。仅仅靠这两项，就让他拿到了高达3.6亿元的销售额。他所经营的这家公司，一度跃升为中国第二大民营高科技企业。

1995年，史玉柱又将触角伸向了保健品，先后推出了12种大家熟知的产品，迅速占领了中国保健品业的高端市场。这一成就让他登上了《福布斯》的富豪排行榜，而这距离史玉柱大学毕业只有6年。

然而，在迎来辉煌后的史玉柱却遭受到了一次重大的人生危机。可能是财富的迅速积累让史玉柱掉以轻心，接下来的日子里，他展开了

一系列盲目的扩张和投资，导致资金链断裂了。史玉柱走到了破产的边缘。一夜之间，这个年轻的富豪变成了一无所有的人，更可悲的是他还背负上了2.5亿元的债务。

当时，人们都觉得史玉柱完了，这个巨大的打击换了谁恐怕都难以承受。然而，史玉柱却做出了让所有人都没有想到的举动，他不仅没有认输，而且再一次以一个超人的姿态迅速地站了起来。

1998年，史玉柱和老部下开始了二次创业，仅仅两年时间，他们所开发出的保健品"脑白金"成了家喻户晓的产品，销售额每年都在突破。这一次的成功，不仅让史玉柱在短时间内还清了所有的债务，还让他再一次变成了一个拥有巨额财富的成功者。

这仅仅是个开始，2007年11月1日，史玉柱迎来了再一次的腾飞——他所创办的"巨人网络"在美国纽约证券交易所成功上市，这次飞越使得"巨人"成为国内最大的网游公司以及在美国上市的最大的中国民营企业。

经历过风雨打击的史玉柱，用不怕输、不低头的良好心态迎来了人生的一道绚丽霞光。

每个人都有可能经历失败。但经历失败不一定是坏事，它往往会让我们看清自我。犯错并不要紧，只要我们能从错误和失败当中吸取经验，并有勇气从头再来，那就一定能超越困境，迈向成功。但前提是我们需要让自己保持"空杯"的心态，随时随地都有勇气接受归零的人生。

假如当初史玉柱不具备这样的"空杯"心态，一味地沉浸在昔日的荣光和现实的落差里不肯走出来，被破产的公司和2.5亿元债务所压制的史玉柱永远都不会有翻身之日。

只有保持"空杯"的心态，敢于随时主动摘下昔日成功的光环和今朝溃败得一塌糊涂的教训，选择一切从零开始，才能成为在困境中也绝不放弃希望的榜样。

就像幼蝶在茧中挣扎，是生命过程中不可缺少的一部分一样，逆境也是我们一生中不可或缺的因素。破茧的过程，能让幼蝶的身体更结实，翅膀更有力；而逆境的历练，是为了让我们懂得如何能够以强壮的心态，去面对人生的风雨。

正如美国的巴顿将军所说的那样："成功的考验并不是你在山顶时会做什么，而是你在谷底时能向上跳多高。"

某位演说家在一次讨论会上，高举着一张20美元的钞票对着会上的人问："有谁想要我手里这20美元？"话音一落，所有人的手都高高地举了起来。演说家接着说道："我保证，今天我将会把这张20美元送给在座的其中一人，但是，在此之前，我要先做一件事情。"说着，演说家将手里的钞票揉成了一团，钞票立即变得皱皱巴巴了。

演说家再次问："现在，谁还想要它？"这一次，仍然有不少人再次举起了手。

接着，演说家将那张皱皱巴巴的20美元扔到了地上，然后用双脚不停地踩踏它，钞票变得脏兮兮的。演说家再次将它拿起来，向在座的人问道："现在，还有人想要它吗？"

这一次，只有几个人举起了他们的手。演说家微笑地说道："朋友们，瞧吧！无论我手里的这张钞票是新的还是旧的，也不管我如何去踩踏它，总还是有人想要去拥有它。这是因为，不管它经历了什么，它依然没有贬值，依旧价值20美元。"

其实，在人生路上，我们又何尝不是那20美元呢？现实中有太多的人曾

无数次被逆境击倒，所以觉得自己一文不值。事实上，生命的价值是不会随着我们遇到的挫折或是困境而改变的。

人们之所以会看不开，很多时候是因为内心被填满了。因为拥有过短暂的成功，我们就将自己摆在一个很高的位置上，所以，当摔下去的时候，我们会觉得苦不堪言。想要避免这种痛苦，就永远让自己保持"空杯"状态吧！

为心灵画一张笑脸，为气场添一丝荣耀

有这样的一句话："在生命之旅中我们必须拥有这样的一种风度：失败与挫折，不过是一个记忆，仅仅是一个名词而已，它们不会增加生命的负重。带着伤痕把胜利的大旗插上成功的高地，在硝烟中露出自豪的笑容，才是人生又一份精彩……"这是面对生命、面对挑战和苦难时的一种坦然，这是一个自信的人散发出的耀眼光芒，是一种微笑着面对人生的态度。这种微笑是自己给予的，也是我们每个人应该绘制在自己心灵上的。

为自己的心灵画一张笑脸，人生之路就不会如想象中那般漫长而充满烦恼。将人生道路中的种种艰难险阻看作一种考验，即使跌倒了，也不会因为惧怕疼痛而轻言放弃。不再因为生活中偶尔出现的不如意而叹息，也不会随便给自己的生活增加负担。懂得给自己的心灵绘制笑脸的人，他不会让悲观失望长时间主宰自己的气场。他懂得人生需要减负，也擅长为自己的生活做减法。

第十章 掌控了气场，就驾驭了自己的幸福人生

"二战"期间，有一位名叫伊丽莎白·康黎的女士失去了她唯一的儿子。丧子之痛让她对自己的人生心灰意懒，准备去乡下了此余生。但就在她准备行装的时候，她无意中发现了儿子生前写的一封信，信中有这样一句话："无论身在哪里，也不管遇到什么样的灾难，我都要勇敢地面对生活，就像真正的男子汉那样，用微笑承受一切不幸和痛苦。"儿子的这段话就像一颗炸弹，在伊丽莎白·康黎的心灵深处炸开。她想，一定有很多像她一样的母亲在战争中失去了儿子或者其他的亲人，她们的心情一定和她一般。于是，她放弃沉默地了此余生的念头，拿起了笔，在纸上写出了自己的所有真情。最终她成了一位知名的作家。

伊丽莎白·康黎之所以能够勇敢而乐观地生活下去，是因为儿子信中的语言给了她鼓励。她明白人的一生不可能一帆风顺，既然逝去的已经无法挽回，为何不珍惜现在呢？于是她在自己的心灵上绘制了一个笑脸，为自己也为已逝的儿子活出了精彩。

一个拥有阴暗心灵的人，他的人生也是寂寞而沉重的。因为阴暗的心灵只会让我们计较太多，计较太多又会让生活变得沉重而杂乱，任何人在沉重杂乱的生活中是无法享受到幸福的感觉的。所以，让我们的心灵摆脱阴暗的纠缠，为心灵画一张笑脸，是我们获得轻松幸福生活的最佳选择。相信每个人都希望自己过得幸福而快乐，唯有轻松的心灵才可以让人们脸上的笑容更灿烂。

为心灵画一张笑脸，让自己拥有一个乐观向上的人生态度；为心灵画一张笑脸，让自己拥有一份面对艰难困苦的勇气；为心灵画一张笑脸，让自己拥有一份面对人生的平和。只要我们不放弃心中的希望与梦想，就一定能够在苦难的生活之中绽放出最美丽的花。

　　沉重并非人生的代言词，现今社会的人们，为了能够过上自己理想中的幸福生活，表面上用尽各种手段不停地为幸福奋斗，实质上却是不断地将各种各样的压力和包袱强加在自己身上。所以有很多人在感叹人生的不容易，在抱怨生活给予的压力太重……生活需要我们懂得自我减压，过重的负担只会让我们失去面对人生的勇气；只有适当地为生活做做减法，我们才能够在轻松快乐中得到自己想要的幸福。

　　我们知道，不管是哪种笑，似乎都拥有一种神奇的力量。心灵上的神奇笑脸，足以让我们面对任何事情的时候都绽放出微笑。这微笑是一种释然，也是一份淡定，在这种微笑下，再烦恼的事情也会变得云淡风轻。对着镜中的自己笑，镜中的笑容会给我们一份自信；对着明亮的窗子笑，窗外的阳光会聚集在一起大声地为我们加油呐喊；对着自己的人生笑，人生会回报我们一份简单而珍贵的幸福。

　　李欢最近很沮丧，一连串的打击让她觉得活着简直就是一种煎熬。在公司进行的升职考核中，李欢虽然取得了优异的成绩，却被公司某领导的侄儿占据了她梦寐以求的职位；苦追自己三年、已经向她求婚的男友忽然提出了分手，说是另有所爱。职场失意本来心中就郁闷，李欢没想到自己竟然在情场也失意了，顿时觉得人生灰暗，于是向公司的老总请了一周的假，打算躲起来疗伤。

　　一天傍晚，她正在家附近的广场上转悠，忽然看到一个小孩子拿着粉笔在地上不停地画着笑脸。于是她走上前去，问那孩子为什么画那么多笑脸。孩子说，老师曾经说过，要是不快乐的时候就要为自己画个笑脸，那样就会快乐。刚刚妈妈和爸爸吵架了，所以他画很多的笑脸希望爸爸和妈妈快乐。李欢忽然想开了，她假期还没结束就回到了公司，一改之前的沮丧，又变成了一个积极向上的职场精英。

正如故事中所说："为自己画一张笑脸，那样就会快乐。"要是给自己的心灵上画一张笑脸，那么心灵就是快乐的。一颗快乐的心灵，当然也能够快乐地面对人生。

幸福若是蝴蝶，气场就是吸引它的花朵

不同的人对幸福有着不同的感受。人与人的境遇不同，命运与机会也有所不同，那么每个人看待幸福的角度也有所不同。对上进心较强的人来说，事业成功是幸福；对历经磨难的人来说，平安是幸福；对乐于助人的人来说，帮助别人是幸福；对懂得生活的人来说，健康是幸福；对一个知足的人来说，每一天都是幸福。

我们把幸福比喻成一只蝴蝶，当你去追它的时候，它就会远远地飞离，但是当你平静地等待时，身上所散发出那种平和宁静的气场就会吸引住它，让它围绕在你身边。所以，幸福一般不是苦苦追寻就能够得到的。

美国教育家杜朗曾经试图寻找幸福的出处，却发现从知识里找幸福，得到的只是幻灭；从旅程中找幸福，得到的只是疲倦；从财富里找幸福，得到的只是争斗；从写作中找幸福，得到的只是劳累。

在国外一个无线电广播节目中，主持人向观众发问："现在有哪位自认为是我们的听众当中年纪最大的？"

　　"我想我可能是最年老的，"一位老妇人微笑着回答说，"我今年已经89岁了。"

　　主持人说："老奶奶，您很幸福吧，因为您看起来非常快乐。您可不可以给我们这些年轻人讲讲追求幸福的要旨呢？"

　　"我从来没有追求过幸福，年轻人，"老妇人说，"我只是好好过我的生活，保持一颗平常心，时常找个地方坐下休息，让幸福来追求我。"

　　刻意寻找，得不到幸福，而你抱定一颗平常心，幸福就会登门造访。每个人的幸福程度取决于他们对人生不同的理解，而能否感知到幸福，关键就在于是否拥有一颗平常心。拥有一颗平常心，就能在困难面前不气馁，在挫折面前不灰心，平静地面对生活中的磨难，不抱怨，不悲叹，不放纵，不放弃。拥有平常心，也就有了看到幸福的眼睛。

　　有人认为，幸福是拥有丰富的物质生活。其实不然，古罗马哲学家西塞罗告诉人们："幸福的生活存在于心绪的宁静之中。"想以冷静的眼光看待一切，就要有一颗平常心，泰然处事的原则就是淡泊。而对物质的追求是无止境的。贪婪是人性的弱点，不断膨胀的欲望会使人忽略眼前的幸福。心态不同，看问题的角度不同，对得失的看法也就不同。

　　一个拥有上亿资产的富人和一个只有1000元家当的穷人，他们同样拿出10元钱去买彩票，而且都中了1000元的奖金。穷人拿到奖金乐翻了天，这笔意外之财让他的财富整整增加了一倍；富人却为只中了区区1000元而闷闷不乐，抱怨自己的运气不好，因为他期望的是1000万大奖。你看，同样是获得1000元的奖金，心态不同的人所表现出来的情绪会有如此大的差异。

　　幸福是一种感觉，贪婪的人得到意外之财还是不知满足，持平常心的人却能够享受生活中每一份喜悦。

禅宗师父们爱用"云在青天水在瓶"这句诗偈来启发他人，劝诫人们要保持一颗平常心，宠辱不惊。在禅宗看来，平常心就是道，就是禅，这是禅宗哲学的核心。而禅宗里所说的平常心，是指随遇而安、顺其自然的心态，困了便睡觉，饿了便吃饭，累了便坐下，冷的时候取暖，热的时候寻荫，无须强求，自然地生活。

平常心是一种良好的修养，无论是宋代文学家范仲淹提出的"不以物喜，不以己悲"，还是现代富豪李嘉诚先生说的"好景时，绝不过分乐观；不好景时，也不过分悲观"，这些都是平常心的真实写照。

"非淡泊无以明志，非宁静无以致远。"豁达和平和不足以体现平常心的本质，而平常心却能够表达一种生活的境界。我们要学会用平常心去处理一切事物，因为人生中难免遭遇坎坷。平和的心态能消除狭隘和狂傲之气，除去浮躁和虚荣，以平常心直面人生，在平静和淡定中得到人生真味。

幸福的前提就是要拥有一颗平常心。保持一颗平常心吧，学会从生活中的每一个角落发现乐趣和意义，在生命中的分分秒秒中体味快乐，这样你自然就有了平和的气场，幸福自然会相伴在你左右。

快乐很简单，在气场中增加一份坦然

我们面对生活常常会禁不住感叹："人活着真累！""这样的日子什么时候才到尽头啊！""我这样辛苦到底是为了什么呢？""今天还有这么多的工作没完成，唉，晚上又不能睡觉了！""老板怎么回事，老看我不顺

眼！"在一些不顺心的日子里，我们总感觉到自己活得很累，生活毫无乐趣可言。我们会不由自主地抱怨生活给予我们的磨难，会抱怨命运的不公，也会指责上天的偏袒。我们羡慕着他人的幸福，嫉妒着他人的好运，无法坦然地面对自己的人生。

那么，什么是坦然呢？坦然是失意后的一种乐观；坦然是沮丧时的一种自我调整；坦然是来自平淡中的一份自信；坦然是面对人生百态时的一种潇洒气场；坦然是发自内心的一份快乐。

生活就像是一面镜子，当我们冲着它笑的时候，它就回报我们以微笑；当我们对着它哭的时候，它也会哭丧着脸面对我们。其实生活中的种种不顺心以及令我们痛苦的事情，很多时候是因为我们自己心态的原因，是因为对于一些事情我们始终无法释怀，遇到事情的时候看不开也看不淡，所以才会深陷在生活的痛苦中无法自拔，沉浸在悲伤中无法释怀。其实快乐很简单，只要我们在自己的胸襟中多一份坦然，在我们的意念里多一点淡定，那么我们的人生就可以充满鸟语花香，被欢声笑语包围，并且我们还有可能在那份坦然中收获惊喜。

著名的发明家爱迪生在发明电灯泡的时候，先后做了1500多次试验都没有找到适合做电灯灯丝的材料。于是有人嘲笑他说："爱迪生先生，你已经失败1500多次了。难道你还要继续失败下去，等着接受众人的嘲笑吗？"

爱迪生并没有恼羞成怒，也没有因此人的话垂头丧气，而是十分坦然地回答那个人："您说得不对，我并没有失败，我的成绩就是发现了1500多种材料不适合做电灯的灯丝。"

事例中的爱迪生面对他人的讥嘲神态自如，在面对失败的时候仍然能够以一份坦然淡定的心态去面对。由此我们可以知道，一个人能不能坦然地面对自己的失败，面对自己人生路上的挫折，与一些外在条件是毫无关联的，主要在于一个人的内心，在于他能否以一颗坦然淡定的心去面对人生。

所以，如果在我们的人生中，我们正经历着一些失败，并且遭遇到了一些挫折，或者我们的心灵因为一些事情而承受着煎熬，不要再烦恼，也不要因此失望，更不能放弃。我们应该坦然去面对，去面对那些使人痛苦的挫折、失败和煎熬，因为挣脱牵绊，多一份坦然，这份坦然足以让我们重新找回对生活的希望。

我们不得不承认，在我们的生活中，有许多的成败与得失并不是我们都能够事先预料到的，很多的事情也并不是我们都能够承担得起的。但是，只要我们努力去做，积极地去面对一切，就能够求得付出后的一份坦然，其实这也算是一种快乐。

哭，并不代表屈服；让步，并不表示认输；放手，并没有宣告放弃。面对生活中的无奈，或许我们可以用泪水来宣泄自己的情绪，但是绝不能用泪水来表示自己的软弱；在与他人的争执中，我们可以做出让步，那是表明自己的一种宽容和豁达，而绝不代表自己就此认输；在对于事情的追求中，我们一时的放手，也不是宣告了自己的放弃，而是向对手发出宣言，这次的放弃是为了下次更好的得到。

1816年，林肯和他的家人被赶出了家门，他必须外出工作来维持生计，那时他只是一个七岁的孩子。后来，他最爱的母亲去世了，他的工作也一度遭遇挫折，生活十分困苦。

1832年，他参选州议员，但是他落选了，而且还丢了自己赖以生存的工作。他不得不向自己的朋友借一些钱，希望通过经商来改变当时的窘况，但是命运又给他重重一击。由于生意惨淡，不到一年，他已经赔

得身无分文，还欠下了很多债务，他用了很多年才把这些债务还清。之后当他再次参选州议员的时候，命运终于垂青于他，他成功了，这对于林肯来说无疑是一个最大的鼓舞。

在1860年，他终于迎来了事业的巅峰，他当选为美国总统。

他说："此路艰辛而泥泞，我一只脚滑了一下，另一只脚因此站不稳。但我缓口气，告诉自己，这不过是滑了一跤，并不是死去而爬不起来。"也正是因为他有这样的胸怀，才能在屡次失败之后还记得鼓励自己站起来，勇敢地向前进。

在我们看来，努力过几次之后如果还是失败，肯定是会大大打击我们的信心和勇气。更别提林肯失败了这么多次，可想而知那该需要多大的毅力，才能让他自己一直坚持到最后，甚至还越挫越勇。失败总是让人有些措手不及，但是常常事出有因，我们需要不断给自己继续下去的毅力，更多的时候是要鼓励自己，能正视自己的失败，能够冷静地看待那些惨痛的经历，还能从容地从中找出自己的缺点予以更正。

流光溢彩的世界不断吸引着人们的眼球，使人们将更多的注意力放在物质上，以至于让自己的心灵变得空虚而浮躁。该如何摆脱那些让我们困惑和不快乐的事，寻求一种内心的平静呢？最好的办法就是挣脱牵绊，在自己的气场中增加一分坦然。

"天空中没有留下翅膀的痕迹，但我已飞过。"其实，这就是对坦然最好的诠释。面对五彩缤纷的大千世界，我们应该放下那些牵绊和计较，让自己的心中多一份坦然，这样我们的生活也会多一份快乐。

用心来思考，世界将变得不同

国学大师翟鸿燊在一次讲座中这样说："思考不仅仅是用脑袋，而是要用心。中国传统文化中的这个'心'，不是指心脏，是心智模式、心性……看到这张脸就知道你的内在，这是很关键的。相由心生，改变内在，才能改变面容。一颗阴暗的心托不起一张灿烂的脸。有爱心必有和气，有和气必有愉色，有愉色也必有婉容。"

这段话实际上是告诉我们，人外在的一切表现都是由心所生：快乐、悲伤、烦恼、痛苦的表情皆是内心的反应，它不受外界任何因素的制约。对于同样的事物，人的心态不同，所产生的气场也就不同，其结果也是不同的。

从前有一个小和尚，他刚到一个寺庙不久，老和尚分配给他的任务是每天把寺庙的院落清扫干净。

时值秋季，寺院里面有很多落叶。所以，清扫这些落叶便成了一件苦差事，小和尚每天都要花费很多的时间才可以将落叶清扫完毕。但是，每一次秋风吹过后，落叶又再次飘落，小和尚还须继续打扫，这让他痛苦不已。

其他和尚给他出主意："你每天在打扫院落前先用力摇树，把那些将落的叶子晃下来，那清扫一次后，便有阵子不用打扫啦。"小和尚觉得非常有道理，于是按照这个方法实行了。他起了个大早，奋力摇树，然后自认为把今明两天的落叶一次都清扫干净了，这让他一整天都心情

大好。

谁知第二天，小和尚刚到院子便傻眼了，落叶依旧铺满地。这个时候老和尚走了过来，垂首低语道："无论你今天如何用力，明天的落叶依旧会飘落的。"小和尚听了顿悟，是啊！世界上很多事情是不能提前的，认真地做好当下的事才是最为真实的人生态度。忽然间小和尚的内心产生了一种满足和快乐，他内心所有的苦恼、疲惫、绝望统统消失得无影无踪……小和尚认识到清扫落叶这份苦差事蕴含的哲理，于是不再抱怨和焦虑。

小和尚先后做的是同样的事情，但是由于不同的心态，取得的结果也是不同的。当他将清扫落叶当作一种苦差事时，心中就充满了烦恼、痛苦和绝望；当他将清扫落叶当作一件有意义的事时，心中便充满了满足和快乐，最终也获得了心灵的解脱。

由此可见，任何烦恼和快乐都是由我们的内心决定的。如果我们用悲观的心态看待事物，最终得到的也只是烦恼和痛苦；而当我们用乐观的心态看待事物时，就能够得到快乐和满足。

约翰·杰西已经过了不惑之年，他最为在乎和担心的是自己的两个可爱的儿子。他们虽年龄相仿，但是脾气秉性却大相径庭。大儿子路易斯生来悲观，总是一副忧心忡忡的样子；二儿子亚德却生性活泼，每天都乐呵呵的。为了让路易斯快乐，约翰·杰西平时也对他加倍疼爱。

有一年圣诞节前夕，约翰·杰西想试试自己的两个孩子，于是便特意给他们准备了完全不同的礼物，在夜里悄悄地挂在了圣诞树上。第二天早晨，哥俩早早起床，兴致勃勃地想知道圣诞老人给自己的礼物是什么。

　　哥哥路易斯接到了很多的礼物，包括足球、崭新的自行车、气枪、羊皮手套，等等。可是他一件件打开，却越来越不高兴。

　　于是父亲问道："怎么啦？这些礼物你都不喜欢吗？"路易斯难过地说："你看这气枪，若是我拿出去玩，说不定会因为打碎了邻居家的玻璃而遭来一通责骂。这辆自行车虽然漂亮，我骑着出门也会很高兴，但是若是撞在树干上我受了伤可怎么得了。这副羊皮手套虽然好，但是保不准我带着出门就会挂在树枝上，也会增添许多烦恼。足球更不要说了，我总有一天会把它踢爆的，到时候可怎么办啊？"说完竟大哭起来。父亲看到这些，于是什么都没有说，便出去了。

　　刚一出门，父亲便看到自己的小儿子亚德拿着一个纸包笑个不停。父亲大惑不解，因为纸包里面只有一些马粪，父亲实在不明白亚德在圣诞节收到这一包马粪作为礼物如何能够笑得这么开心。于是父亲问亚德："你为什么这么高兴？"小儿子边笑边说："我的礼物是一包马粪，我想一定有一匹小马驹在我们家里呢。"随后他开始寻找，果然在自己家屋后面找到了一匹小马驹，随后亚德开心地又跳又笑，父亲见此场景，也开心地笑了起来。

　　快乐或悲伤完全取决于我们的内心，乐观的人无论看到什么都能看到光明的一面；而悲观的人总是抓着黑暗的那一面不放，得到什么都不会快乐。快乐源自于内心，并非是通过外界的一切才能得到的；而悲观却是自己酝酿的，如同苦酒一般，自酿自尝，不能怨周围的一切人和事物。

　　在生活中，我们内心忧虑最大的来源并不是外界的"危险信号"，更多的时候是来源于我们内心的一些想法。比如：我们总是会担心失业，担心身体的一些疾病，担心发生意外的事件，等等。我们的内心似乎在悄悄地灌输给我们一个想法："我们必须是循序渐进、按照我们的内心的想象而生活，

要平安而且不要有太多麻烦和困难。一旦超出了这个范围，我们便无法接受。"要知道，我们这样烦恼，是不能改变任何事实的。

人生匆匆，只是一个过程而已。快乐是一天，悲伤也是一天，与其在烦恼和痛苦中过，不如快乐、幸福地活。

快乐或悲伤皆源自我们的内心。我们要想获得更多的快乐，就应该尽早摒弃内心的烦恼和痛苦，将内心阴郁的情绪打扫干净，才能显现出积极的气场，才能迎接快乐和幸福。